얼룩과
오염에서 발견한

얼룩과
오염에서 발견한

클린
화학

사이토 가쓰히로 지음 | 공영태 옮김

 북스힐

우주의 움직임을 설명하는 열역학에는 '열역학 3대 법칙'이 있습니다. 제1 법칙은 '에너지 보존의 법칙'이고, 제2 법칙은 엔트로피와 관련한 법칙으로 '엔트로피는 증가한다'입니다. 엔트로피는 무질서한 정도를 나타내는 양입니다. 이 법칙에 따라 엔트로피는 항상 증가를 계속한다고 하여 우주 시계라고도 하며, 최근에는 사회학이나 경제학에서도 사용되고 있습니다.

더러움을 유발하는 '오염', '때', '얼룩' 등의 양도 엔트로피 대신 사용할 수 있을 것 같습니다. 이것들은 언제 어디서나 발생하며 항상 계속 증가합니다. 열역학 제3 법칙으로 '더러움(오염)은 증가한다'라는 법칙을 넣어도 무방하지 않을까 하는 생각마저 듭니다.

하지만 더러운 곳은 그곳이 어디든 불쾌감을 줍니다. 더러워서 좋은 곳은 없을 겁니다. 그래서 더러워진 곳은 지우든 없애든 해야 합니다. 방법은 많이 있습니다. 도구도, 약품도 다양합니다. 그러나 상황에 따라 사용해야 할 방법과 약품이 다릅니다. 가령 금속에 붙은 얼룩, 오염물은 우리 몸에서 배출된 노폐물과는 큰 차이가 있습니다. 당연히 같이 다루면 안되겠지요.

일상생활에서 더러운 것을 씻어내기 위해 자주 하는 일로 '빨래(세탁)'가 있습니다. 빨래는 아마도 인류 역사가 시작될 무렵부터 해 온 '더러움을 제거하는 방법'이었을 겁니다. 빨래는 더러운 옷을 물에 담가, 물의 용해력으로 더러움을 씻어 내는 기술입니다. 하지만 물에 담가만 두어서는 때가 충분히 빠지지 않습니다. 때를 빼기 위해서는 물속에 옷을 담가 흔들어 주거나 비벼주는 등의 물리적인 힘을 가해야 합니다.

하지만 아무리 노력해도 물만으로는 제거하기 어려운 얼룩, 때가 있습니다. 바로 기름때입니다. 이것을 제거하기 위해서 인류가 개발한 약품이 세제입니다. 세제는 신기한 약품입니다. 단순히 기름 성분의 때를 녹여서 없애는 것이 아니라, 세제 분자가 만든 분자막으로 기름 성분을 감싸 버립니다. 쉽게 말하자면 기름때를 보자기로 싸서 버리는 것과 같습니다. 인류는 무슨 계기로 어떻게 이런 굉장한 화학 약품을 발명하여 세탁에 사용하게 되었을까요? 이렇게 생각하니 세탁, 한 걸음 나아가 세정 작업 전반에 걸쳐 상당히 고도의 과학 기술과 화학 약품이 사용되고 있음을 알 수 있습니다.

이 책은 2단계로 구성되었습니다. 1단계는 더러움을 유발하는 '얼룩', '때' 등을 제거하기 위한 기술적 방법에 관한 설명입니다. 옷의 때는 어떻게 빼면 좋은가? 가구의 얼룩은 어떻게 지우면 좋은가? 하는 구체적인 방법을 소개했습니다.

2단계는 더러움을 유발하는 '얼룩', '때' 등을 제거하는 과학적 원리에 관한 설명입니다. 중성 세제는 어떻게 오염 물질을 제거하는가? 탄산수소 나트륨(베이킹소다, 중조)을 사용하는 것은 왜 효과적인가? 물때를 제거하기 위해 구연산이 좋은 이유는 무엇인가? 등을 설명했습니다.

최근에 세탁과 청소에 탄산수소 나트륨, 탄산소다, 세스퀴 탄산소다 및 구연산 사용이 늘었습니다. 이러한 화학 약품은 무엇일까요? 어떻게 작용하여 얼룩이나 때, 오염물을 제거하는 걸까요? 또 이러한 약품은 위험하지 않을까요?

탄산수소 나트륨이나 구연산은 물론 세제나 표백제 역시 모두 화학 약품입니다. 화학 약품의 특징은 서로 다른 종류의 약품을 섞으면 반응할 수 있다는 점입니다. 가령 약품 A와 B를 반응시킨 결과, 생성된 물질이 반드시 이 둘이 결합한 AB라고는 할 수 없습니다. 전혀 다른 물질 C가 생길 수도 있습니다. 이 점이 화학 반응의 유익한 점이기도 하고 위험한 점이기도 합니다.

'섞으면 위험!'이라고 주의 사항이 적힌 세제가 있습니다. 이미 여러분도 잘 아시겠지만, 표백제와 화장실용 세제를 섞으면 독가스인 염소 가스가 발생하여 생명이 위험할 수 있습니다. 하지만 캔 주스를 마신 후 빈 알루미늄 캔에 세제를 넣으면 수소 가스가 발생하여 폭발한다는 것을 아는 분이 얼마나 될까요? 실제로 이러한 폭발 사고가 도쿄 순환 전차 안에서 발생한 적이 있었으며, 10명이 넘는 승객이 다쳤습니다.

화학 약품은 대단히 무서운 물질입니다. '세제가 뭐 위험하겠어?', '그냥 얼룩 제거용이잖아!'하고 가볍게 생각하면 안 됩니다. 화학 약품은 언제 숨겨진 본성을 드러낼지 알 수 없습니다.

현대의 가정에는 매우 편리한 물건이 많이 있습니다. 하지만 그것들은 사용 용도에 맞게 제대로 사용해야 편리함을 누릴 수 있지, 사용 용도에 맞지 않게 사용하면 위험할 수 있습니다.

이 책은 더러움을 유발하는 각종 '얼룩, 때, 오염물 제거'라는 주제로 일상생활의 흔한 현상들을 살펴보고 해설한 것입니다. 이와 동시에 일상의 아무렇지도 않은 활동 속에 감추어진 과학적 작용, 화학 물질의 기능을 발견하고 확인해 보자는 의도로 썼습니다.

이 책을 접하면 더러운 것을 없애고 청결하게 유지하는 일상 행동 속에 얼마나 많은 과학과 화학이 관련되어 있는지, 그리고 그것을 연구 개발하기 위해 우리보다 앞선 분들의 지혜와 노력이 얼마나 있었는지 알게 될 겁니다.

끝으로 이 책을 완성하기까지 애써주신 SB 크리에이티브 주식회사 과학 서적 편집부의 시나다 요스케 品田 洋介 씨와 도움을 주신 마하 씨에게도 고마움을 전합니다.

사이토 가쓰히로 斎藤 勝裕

차례

1. 얼룩, 때, 오염물이 발생하는 구조와 제거되는 구조

2. 의류의 얼룩, 때

6 인체의 노폐물

1

얼룩, 때,
오염물이 발생하는 구조와
제거되는 구조

물에 녹는 얼룩과 때, 녹지 않는 얼룩과 때

우리의 일상생활은 늘 먼지나 얼룩, 때 같은 것들로 더러워져요. 옷이나 가구, 우리 몸도 마찬가지예요.

몸을 너무 깨끗이 하면 면역력이 떨어진다는 주장도 있고 적당히 더러운 것은 괜찮다는 사람도 있지만, 대부분은 불쾌감을 줘요. 그렇다면 얼룩이나 때가 생겼을 때는 어떻게 하면 좋을까요?

1.1.1 수용성과 지용성

간장처럼 물에 지워지는 얼룩이 있는가 하면 스테이크 소스처럼 물에는 잘 지워지지 않는 얼룩도 있어요. 그 차이는 무엇일까요?

수용성 식재료(왼쪽부터 간장, 설탕, 소금)

지용성 식재료(왼쪽부터 버터, 식용유, 마요네즈)

물질에 따라 물에는 녹지만 기름에는 녹지 않는 **수용성** 물질과 물에는 녹지 않지만 기름에는 녹는 **지용성** 물질이 있어요. 소금이나 에탄올은 수용성이며 버터나 기름은 지용성이에요.

'유유상종(같은 무리끼리 서로 사귐)'이라는 말이 있어요. 분자 구조로 이야기하면 '분자 구조가 비슷한 것끼리는 잘 섞인다'라고 말할 수 있어요. 금속의 예를 들어 볼까요? '금은 어떤 물질에도 녹지 않는다'라고 알려져 있지만 사실 그렇지 않아요. 액체 금속인 수은에는 쉽게 녹아서 **아말감**이라고 하는 진흙처럼 걸쭉한 수은 합금이 만들어져요. 이처럼 같은 금속끼리는 서로 잘 섞여요.

1.1.2 수용성

물은 2개의 수소 원자 H와 1개의 산소 원자 O로 구성된 작은 분자이며, 분자식은 H_2O로 나타내요. 분자 구조는 **H-O-H**이며 H는 플러스(+) 전하를 띠고

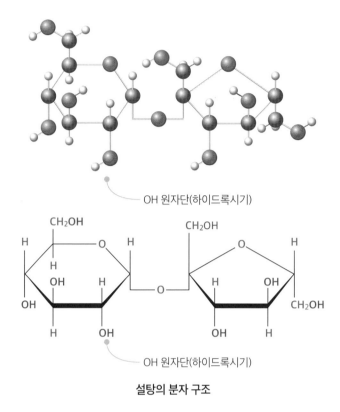

OH 원자단(하이드록시기)

설탕의 분자 구조

O는 마이너스(−) 전하를 띠어요. 이러한 물질을 일반적으로 **이온성 화합물** 혹은 **극성 화합물**이라고 해요.

소금(화학명: 염화 나트륨, 분자식: NaCl)은 이온성 화합물로 Na^+과 Cl^- 가 결합한 물질이에요. 물과 소금은 양쪽 모두 이온성으로 비슷해서 소금이 물에 녹는 거예요.

설탕(화학명: 자당, 수크로스)은 유기물이며 이온성이 아니에요. 하지만 물에 녹아요. 왜 그럴까요? 설탕의 분자식은 $C_{12}H_{22}O_{11}$인데, 이 안에 **OH 원자단**(여러 개의 원자 집단, 일반적으로 **작용기(치환기)**라고 한다. OH 원자단은 **하이드록시기**라고 부른다)이 8개나 있어요. OH 원자단은 물의 주요 부분이에요. 즉, 설탕은 물과 분자 구조가 비슷해서 물에 녹는 거예요.

1.1.3 지용성

석유는 탄소 C와 수소 H가 결합한 탄화수소이며 H-CH₂-CH₂⋯CH₂-H처럼
CH₂ 단위가 연결된 구조를 띠고 있어요. 플러스(+) 부분도, 마이너스(−) 부
분도 없으므로 이온성이 아니에요. 버터나 기름도 기본적으로 이러한 구조예
요. 따라서 지용성 물질은 버터나 기름, 석유에는 녹지만 물에는 녹지 않아요.

우리 몸의 때는 몸에서 떨어져 나온 피부의 일부와 바깥에서 묻은 먼지 등
이 몸에서 분비된 지질에 엉겨서 생기며 지용성이에요. 물로는 쉽게 떨어지
지 않아요.

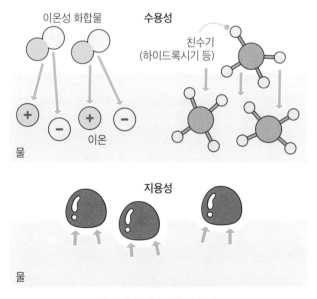

수용성 물질과 지용성 물질

일상생활에서의 더러움(얼룩, 때, 오염물)의 종류

일상생활에서 어떤 것들로 더러워지는지를 표로 정리했어요. 킬레이트에 대해서는 1.4.2에서 설명할게요.

○ 더러움(얼룩, 때, 오염물)의 종류와 제거 방법

	예	제거 방법
수용성	수성 잉크, 수채화 물감, 기름 성분을 함유하지 않은 음식물	물에 녹여 없앤다
	커피, 홍차, 간장, 땀, 혈액, 소변 등	색을 뺀다
지용성	유성 잉크, 크레용, 페인트, 기름 성분을 함유한 음식물	기름을 녹이는 처리를 한다
	소스, 마요네즈, 코코아, 유분을 함유한 화장품, 피지, 손때, 기계 기름, 왁스	드라이클리닝을 한다
	눌어붙음, 굳어진 요석	기계적으로 긁어 낸다
	물때, 관물때	킬레이트제로 제거한다

세탁과 드라이클리닝

평상시 가장 더러워지기 쉬운 것은 아마 옷일 거예요. 옷은 입고만 있어도 몸에서 배출되는 땀과 기름 성분의 때가 묻어요. 그뿐만 아니라 커피를 쏟거나 볼펜 자국이 묻거나 여러 가지 원인으로 더러워져요. 이 더러워진 옷은 세탁해야 하는데, 일반적으로 가정에서 세탁하는 방법과 세탁소에 맡기는 드라이클리닝이 있어요. 두 가지 방법에는 어떤 차이가 있을까요?

1.2.1 세탁

세탁은 기본적으로 물로 더러워진 옷의 때를 없애는 일이에요. 예전에는 빨래통과 빨래판이 필요했는데, 지금은 이런 도구들은 박물관에나 가야 볼 수 있어요.

빨래통과 빨래판

현대의 세탁 방식은 빨래를 세탁기에 넣고 스위치만 톡 누르면 끝이에요. 나머지는 기계가 자동으로 빨아주고 건조까지 해주고 있어요. 머지않아 빨래를 개켜 주는 세탁기도 나올 거라고 해요.

⦿ 때(얼룩)의 흡착

일반적으로 물질은 물질에 흡착돼요. 가령 냉장고의 냄새 분자(물질)는 탈취제(흡착매)에 흡착돼요. 탈취제는 활성탄의 일종으로 야자 껍데기 등으로 만든 목탄이에요. 활성탄에는 작은 구멍이 많이 나 있으므로 활성탄의 표면적은 대단히 커요.

흡착되는 냄새 분자의 개수는 단순히 흡착매의 표면적에 비례해요. 활성탄이나 커피 찌꺼기에 탈취 효과가 있다고 알려진 것도 이 때문이에요.

때도 냄새 분자와 흡착 원리는 같아요. 때 분자는 옷 섬유 표면에 흡착돼요. 물세탁이란 흡착된 때 분자를 물에 녹여 내는 작업이에요.

활성탄에는 작은 구멍이 많이 나 있어서 그곳에 냄새 분자가 흡착한다.

활성탄

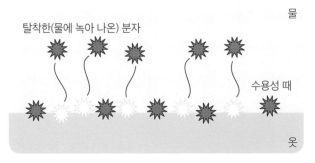

물

탈착한(물에 녹아 나온) 분자

수용성 때

옷

옷을 물에 담그면 수용성 때의 일부가 탈착한다.

🔵 때(얼룩)의 탈착

흡착매에 흡착된 분자가 흡착매에서 떨어지는 것을 **탈착**이라고 해요. 물세탁은 물을 이용하여 탈착시키는 것이며, 물에 녹는 때는 수용성만 가능해요.

옷에 흡착된 때 분자를 물에 담그면, 때 분자는 옷에 흡착되는 힘과 물에 녹는 힘 사이에 끼게 돼요. 그래서 일부는 옷에 남고 일부는 물에 녹아요. 하지만 더러워진 물을 깨끗한 물로 바꾸면 옷에 남은 때는 다시 물에 녹게 돼요. 이렇게 같은 작업을 여러 번 반복하면 수용성 때는 모두 물에 녹아 버리고 빨래가 끝이 납니다.

🔵 세제

하지만 간장 얼룩에서 알 수 있듯이 수용성인 간장이라고 해도 물만으로는 얼룩이 잘 제거되지 않아요. 노란색 얼룩이 남는데, 이것은 간장에 함유된 당분, 기름, 아미노산 등의 유기물, 즉 지용성 성분이에요. 그래서 물로 완전히 제거할 수 없어요.

세탁할 때 지용성 때를 제거하려면 세제의 힘을 빌려야 해요. 세제에 관한 자세한 설명은 다음 페이지에서 할게요.

드라이클리닝이란 유기 용제를 사용하여 때를 제거하는 일이에요. 가정에서 주로 사용하는 유기 용제로는 **시너**와 **벤젠**이 알려져 있는데, 드라이클리닝은 이것을 다량으로 사용하여 때를 없앤다고 생각하면 쉬워요.

⊙ 용제

유기 용제인 시너는 희석제로 페인트처럼 끈기가 있는 유기 액체를 녹여 농도를 묽게 하고 사용하기 쉽도록 해주는 유기물 액체예요. 시너는 단일 화학 물질의 이름이 아니라 많은 유기물의 혼합물에 붙여진 이름이에요. 그 성분과 비율은 시너 제조 회사에 따라 다양해요.

과거에 페인트용 시너에는 벤젠(C_6H_6), 톨루엔($C_6H_5CH_3$), 초산 에틸($C_4H_8O_2$) 등의 유해 물질이 함유되어 있어서 시너 흡입이 사회 문제가 되기도 했어요. 또한 드라이클리닝에 사용되는 용제로는 트리클로로에틸렌(C_2HCl_3) 등의 염소를 함유한 유기물이 이용되어 환경 오염의 문제가 되었

일반적으로 이와 같이
간단히 나타낸다

벤젠

톨루엔　　　　　초산 에틸　　　　트리클로로에틸렌

톨루엔, 초산 에틸, 트리클로로에틸렌

어요. 하지만 현재는 이처럼 위험한 용제가 아닌 안전한 용제가 사용되고 있어요.

● 드라이클리닝의 원리

드라이클리닝의 원리는 물세탁의 원리와 같아요. 다른 점이라면 물 대신 유기 용제를 사용하는 것이지요. 물세탁에서 수용성 때가 빠지듯이 드라이클리닝에서는 지용성 때가 빠져요.

당연히 물세탁으로 지용성 때가 빠지지 않듯이 드라이클리닝에서는 수용성 때가 빠지지 않아요. 그래서 여기서도 세제의 힘을 빌리게 돼요.

1-3 비누와 중성 세제

어떤 세탁에서도 때를 제거하려면 세제가 꼭 필요해요. 세제는 때가 잘 빠지도록 도와주는 물질이므로, 넓은 의미에서 드라이클리닝의 유기 용제나 세탁에 사용하는 물도 세제라고 할 수 있을지도 몰라요. 하지만 일반적으로는 이것들을 세제라고 말하지 않아요. 그렇다면 세제란 무엇일까요?

1.3.1 양친매성 분자-계면 활성제

분자에는 물에 녹는 것과 녹지 않는 것이 있어요. 물에 녹는 성질을 친수성이라고 하고, 녹지 않는 성질을 소수성이라고 해요.

● 양친매성 분자의 구조

그런데 분자 중에는 친수성 부분과 소수성 부분, 양쪽을 가진 분자가 있어요. 이러한 분자는 물 용매와 기름 용매에 모두 녹기(친화성을 띠기) 때문에 일반적으로 양친매성 분자라고 해요. 대부분의 세제는 양친매성 분자예요.

일반적으로 양친매성 분자의 친수성 부분(친수기)은 A^-B^+라는 이온성이며 소수성 부분(소수기, 친유기)은 다음과 같이 CH_2 단위가 연속된 구조예요.

$$H-CH_2-CH_2\cdots CH_2-$$

그래서 줄여서 친수성 부분을 ◯, 소수성 부분을 직사각형 ☐으로 나타내요. 마치 성냥개비처럼요. 더 간단하게는 동그라미에 직선을 연결하여 나타내기도 해요.

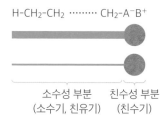

$$H-CH_2-CH_2 \cdots\cdots CH_2-A^-B^+$$

소수성 부분   친수성 부분
(소수기, 친유기)   (친수기)

양친매성 분자의 표기

◉ 양친매성 분자의 용액

양친매성 분자를 물에 녹여 볼게요. 친수성 부분은 물에 녹지만 소수성 부분은 물에 녹지 않아요. 그래서 분자는 마치 물구나무서기 모양으로 수면(계면)에 머물러요.

물구나무서기 모양의 양친매성 분자

그 결과, 양친매성 분자는 액체의 계면에 독특한 성질을 가지게 해요. 이에 관해서는 뒤에서 자세히 설명할게요. 양친매성 분자는 **계면 활성제**라고 불리기도 해요. 물론 세제도 계면 활성제예요.

1.3.2 비누

옛날부터 잘 알려진 세제는 바로 비누예요. 그래서 '비누=세제'라고 생각하여 중성 세제도 비누의 한 종류라고 알고 있는 분도 있지만, 비누와 중성 세제는 다른 물질이에요.

🔵 비누의 구조

비누는 식용유 등을 가수 분해하여 얻은 지방산에 가성 소다(화학명: 수산화 나트륨) NaOH 등을 작용하여 만든 물질이에요. 화학적으로는 **지방산 나트륨염**이라고 불러요.

　지방산은 일반적으로 $H-CH_2-CH_2 \cdots CH_2-COOH$라는 구조를 띠고 있어요. 소수성 부분인 $H-CH_2-CH_2 \cdots CH_2-$를 기호 R로 표시하여 R-COOH로 나타낼 때가 많아요.

$$R\text{-}COOH + NaOH \rightarrow R\text{-}COO^-Na^+ + H_2O$$

R-COOH : 지방산(약산성)
NaOH : 수산화 나트륨(염기성)
R-COO⁻Na⁺ : 지방산 나트륨염(비누)

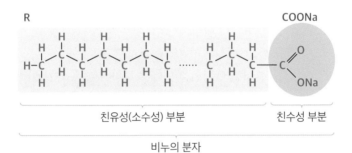

친유성(소수성) 부분　　친수성 부분

비누의 분자

비누의 분자 구조

　COOH는 **카복실기**라고 하며 이 원자단(치환기)을 가진 분자는 일반적으로 산의 성질을 가져요.

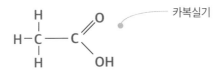

초산의 분자 구조. 초산에는 카복실기가 포함되어 있다.

● 산성·염기성

때와 세제에 관해서 설명하려면 산성, 염기성, 중성과 같은 이야기를 빼놓을 수 없어요. 이러한 개념들을 잠깐 살펴볼게요.

산은 일반적으로 물에 녹아서 수소 이온 H^+을 내는 물질이에요. 위산이나 욕실용 세제 성분인 염산 HCl, 탄산음료에 함유된 탄산 H_2CO_3, 최근에 세제로 널리 사용되는 구연산 등이 있어요. 보통 산은 맛을 보면 신맛이 나요.

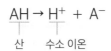

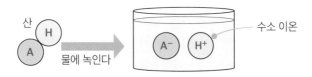

산은 물에 녹으면 수소 이온을 내놓는다.

이에 반해서 염기는 물에 녹아서 수산화 이온 OH^-을 내놓는 물질이에요. 수산화 나트륨이나 소석회로 알려진 수산화 칼슘 $Ca(OH)_2$ 등이 잘 알려져 있어요.

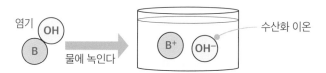

$$BOH \rightarrow B^+ + OH^-$$

염기   수산화 이온

염기 (OH) (B)   물에 녹인다   B⁺ OH⁻   수산화 이온

염기는 물에 녹아서 수산화 이온을 내놓는다.

산, 염기 모두 위험한 물질이지만, 특히 염기는 단백질을 녹이는 작용이 있어서 강한 염기는 매우 위험해요. 이러한 물질이 눈에 들어가면 곧바로 물로 여러 번 씻고 의사에게 보여야 해요.

그런데 '산'의 반대는 '알칼리'라고 배운 분도 계실 것 같은데요. 염기와 알칼리는 다를까요? 알칼리는 염기의 일종이지만 실은 정의가 불명확해요. '알칼리=OH 원자단을 가진 염기'라는 주장도 있고, '알칼리=알칼리 금속으로 이루어진 염기'라는 주장도 있어요. 그래서 현재는 '알칼리'가 아닌 '염기'라는 전문 용어가 사용되고 있어요.

◉ pH

용액이 산성인지 염기성인지를 알아보는 편리한 기준이 수소 이온 농도 지수 pH(피에이치 또는 페하라고 읽음)예요. pH란 수소 이온 H^+의 농도, 즉 산, 염기의 농도를 0~14의 값으로 나타낸 것으로 중성은 pH = 7이에요. 값이 7보다 작을수록 산성이 강하고, 7보다 클수록 염기성이 강해져요. 그리고 값이 1이 다르면 H^+의 농도는 10배가 달라요. 즉, 간단하게 말하면 산성도, 염기성도는 10배의 차이가 나요.

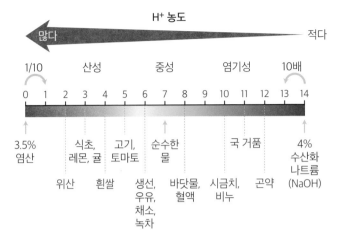

식품의 pH 수치

정리하면 다음과 같아요.

- 산이란 물에 녹으면 수소 이온 H^+을 내놓는 물질이다.

- 염기란 물에 녹으면 수산화 이온 OH^-을 내놓는 물질이다.

- 중성 상태는 pH = 7이다.

- pH 값이 클수록 염기성, 작을수록 산성이다.

- pH 값이 1이 다르면, H^+의 농도는 10배가 다르다.

◉ 비누는 염기성

비누를 물에 녹이면 앞에서 말한 식

$$R\text{-}COOH + NaOH \rightarrow R\text{-}COO^-Na^+ + H_2O$$

가 반대 방향으로 진행하여 지방산과 수산화 나트륨으로 분해해요.

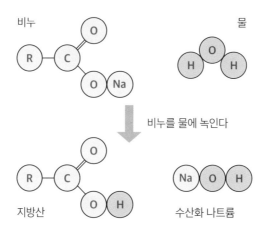

비누를 물에 녹이면 지방산과 수산화 나트륨으로 분해한다.

하지만 지방산은 약산이며 수산화 나트륨은 매우 강한 염기예요. 결과적으로 비누 용액은 염기성이 돼요. 비눗물을 만지면 손이 미끄러운 이유도 손의 각질의 단백질이 녹기 때문이에요.

1.3.3 중성 세제

최근의 세탁 세제는 대부분 중성 세제예요. 중성 세제를 물에 녹이면 황산 H_2SO_4과 비슷한 구조의 $R\text{-}SO_3H$와 수산화 나트륨 NaOH이 돼요.

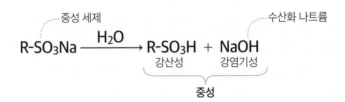

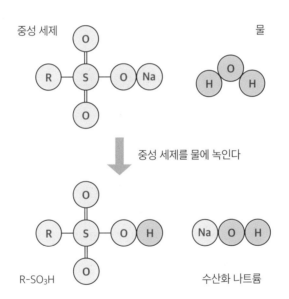

중성 세제를 물에 녹이면 R-SO₃H와 수산화 나트륨으로 분해된다.

하지만 $R\text{-}SO_3H$은 강산성이고 NaOH은 강염기성이므로 서로 상쇄하여 전체적으로는 중성이 돼요. 그래서 중성 세제라고 불러요.

1.3.4 산성 때·얼룩과 염기성 때·얼룩

때와 얼룩에도 산성과 염기성이 있어요. 다음 그림으로 나타내 볼게요.

때를 효과적으로 제거하려면 알맞은 세제를 선택해야 해요. 기본적으로 **때와 얼룩이 산성을 띨 때는 염기성 세제를 사용하고, 때와 얼룩이 염기성을 띨 때는 산성 세제**가 효과적이에요. 시중에 판매되는 세제에는 산, 염기의 조정제가 첨가되어 있으며 주성분은 중성 세제라도 목적에 따라서 **약산성, 약염기성**으로 조정하고 있어요.

일반적인 세탁 세제는 약염기성으로 조정되어 있다.

때와 얼룩을 제거할 목적이라면 산성, 염기성이 강해야 효과적이지만 사용자의 손이나 피부에 영향을 미칠 우려가 있어요. 또 옷감이 상하거나 세탁 후에 감촉이 달라질 수 있어요. 그래서 이러한 점을 고려하여 제조 회사마다 차별화된 세제를 만들고 있어요.

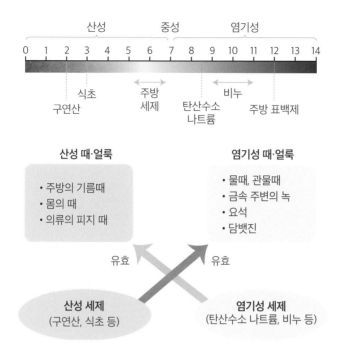

산성 때·얼룩에는 염기성 세제, 염기성 때·얼룩에는 산성 세제가 효과가 있다.

최근에는 청소할 때 탄산수소 나트륨과 구연산을 사용하는 가정이 많은 것 같아요. 이들은 과연 어떤 물질일까요?

1.4.1 탄산수소 나트륨

탄산수소 나트륨은 흔히 베이킹소다, 중조라고도 부르며 분자식은 $NaHCO_3$예요. 독일어로 나트륨 Na를 '소다'라고 해서 예전에는 '중탄산소다'라고 부른 적도 있었어요. 이것을 간략하게 '중조'라고 불렀고 현재도 그 이름이 남아 있어요.

◉ 탄산

탄산수소 나트륨을 알기 위해서는 탄산 H_2CO_3을 알 필요가 있어요. 탄산은 앞에서 본 것처럼 산의 일종인데 매우 약한 산이에요. 탄산은 이산화탄소 CO_2를 물에 녹여서 만들어요.

$$CO_2 + H_2O \rightarrow H_2CO_3$$

이산화탄소   물   탄산

탄산음료는 말 그대로 탄산을 녹인 음료로 탄산의 산의 영향으로 약간 신맛이 나요.

이산화탄소는 공기 중에 0.04%를 차지해요. 비는 공기 중을 지나면서 이산화탄소를 흡수하여 탄산이 되므로, 모든 비는 약산성으로 pH는 5.4 정도예요. **산성비란** 이보다 강한 산성의 비를 말해요. 지구상에 중성비는 존재하지 않아요.

● 탄산염

산인 탄산과 적당한 염기가 반응하면 물과 함께 산의 (−)이온과 염기의 (+) 이온이 반응하여 새로운 물질이 생겨요. 이처럼 산과 염기의 반응으로 만들어진 물질을 일반적으로 **염**이라고 해요.

염기인 수산화 나트륨 NaOH을 반응시켜 볼게요. 1개의 H_2CO_3에 2개의 NaOH을 반응시키면 H_2CO_3에 2개의 H가 Na으로 치환되어 **탄산 나트륨** Na_2CO_3이 생성돼요. 이것이 흔히 말하는 **탄산 소다**예요.

$$H_2CO_3 \ + \ 2NaOH \rightarrow Na_2CO_3 \ + \ 2H_2O$$

탄산 나트륨
(탄산 소다)

탄산   수산화 나트륨   탄산 소다   물 2개
2개   (탄산 나트륨)

다음 1개의 H_2CO_3에 1개의 NaOH을 반응시키면 1개의 H만 치환된 $NaHCO_3$이 돼요. 이것이 바로 **탄산수소 나트륨**이에요.

$$H_2CO_3 + NaOH \rightarrow NaHCO_3 + H_2O$$

탄산수소 나트륨

탄산   수산화 나트륨   탄산수소 나트륨   물

때나 얼룩을 제거하기 위해 세스퀴 탄산 나트륨이라는 것을 사용하기도 해요. 탄산수소 나트륨보다 효과가 강해서 찌든 때를 제거하는 데 주로 사용돼요. 세스퀴 탄산 나트륨의 화학식은 $NaHCO_3 \cdot Na_2CO_3$인데, 간단히 말하면 **탄산수소 나트륨과 탄산 나트륨의 1 : 1 혼합물**이에요.

$$NaHCO_3 + Na_2CO_3 \rightarrow NaHCO_3 \cdot Na_2CO_3$$

세스퀴 탄산 나트륨

탄산수소 나트륨   탄산 소다   세스퀴 탄산 나트륨
                        (탄산 나트륨)

◎ 탄산수소 나트륨의 효과

탄산 나트륨이나 탄산수소 나트륨을 물에 녹이면 위에서 살펴본 반응이 역방향으로 진행하여 탄산과 수산화 나트륨이 생겨요. 하지만 탄산은 약산성이고 수산화 나트륨은 강염기성이라서 용액은 전체적으로 염기성이 돼요.

염기에는 단백질 등을 분해하는 작용이 있어요. 그래서 피부 조직이나 몸

의 지질 및 유기물의 때를 분해해 버려요.

또한, 탄산 나트륨이나 탄산수소 나트륨은 분해되어 거품이 발생해요. 이 거품이 때와 섬유 사이에 침투하여 때를 물리적으로 섬유로부터 떨어뜨리는 작용을 해요.

1.4.2 구연산

구연산 $C_6H_8O_7$은 매실이나 감귤류에 들어있는 신맛의 주성분이 되는 산이에요. 같은 신맛이라도 식초와 매실의 신맛이 다른데, 식초는 초산 CH_3COOH이 들어 있고 매실은 구연산이 들어 있기 때문이에요.

산에 의한 세정 효과를 높이려면 식초를 사용해도 괜찮지만, 문제는 냄새예요. 식초 특유의 코를 찌르는 냄새는 사용할 때도 곤란하지만 혹여나 세탁물에 남으면 더 문제가 돼요. 반면 구연산은 맛을 보면 상당히 시지만 냄새가 전혀 없어요.

구연산의 구조는 다음 그림처럼 복잡해요. 여기서 주의할 것은 산의 원인이 되는 카복실기 COOH를 3개나 가지고 있다는 점이에요.

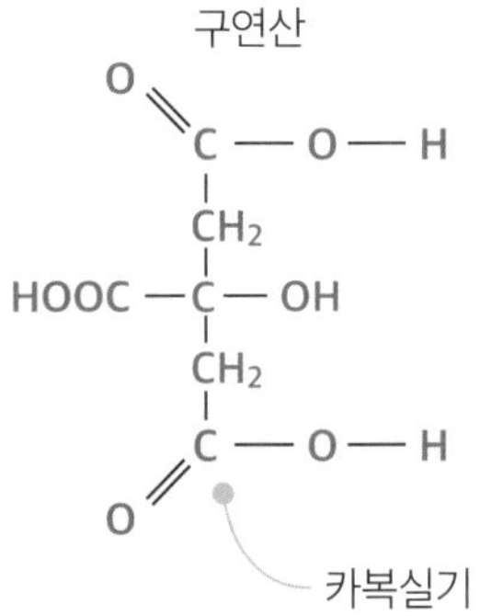

구연산의 구조식

매실의 산미는 구연산에 유래한다.

● 킬레이트 효과

구연산은 금속의 때를 제거하는 특징이 있어요. 다음 그림에 그 작용을 나타
냈어요. 구연산은 금속 원자 M이 가까이 다가오면 분자의 양끝에 있는 2개의
카복실기로 M에 결합해요.

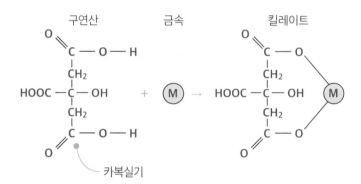

구연산은 금속과 결합하여 킬레이트가 된다.

이 모양이 마치 게가 2개의 집게로 잡는 것과 닮았다고 하여, 이러한 모습의 화합물을 그리스어로 게를 뜻하는 **킬레이트**라고 해요.

구연산의 킬레이트는 결합하고 있지 않은 친수기, COOH 및 OH를 가지기 때문에 전체적으로 물에 녹기 쉬운 성질이 있어요. 즉, 구연산은 금속 원자를 붙잡은 채 물에 녹아요. 그래서 컵에 묻은 물때나 전기 포트 안쪽에 붙은 물때를 제거하는 데에도 효과가 있어요.

미결합의 친수기가 있어서 구연산의 킬레이트는 물에 녹기 쉽다.

⬤ 탄산수소 나트륨의 발포 촉진 효과

탄산수소 나트륨과 탄산 나트륨은 산과 반응하면 격렬하게 이산화탄소 거품을 발생해요. 찌든 때에 탄산수소 나트륨 수용액을 뿌린 다음 구연산 수용액을 뿌리면 거품이 발생하는데, 이 거품이 때를 물리적으로 제거하는 거예요.

하지만 밀폐 용기 안에서 이 반응을 실험하면 용기가 파열될 위험이 있으므로 각별히 주의해야 해요.

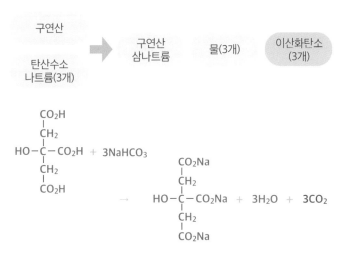

탄산수소 나트륨 수용액과 구연산 수용액을 섞으면 거품(이산화탄소)이 발생한다.
밀폐 용기 안에서 섞으면 위험하다.

1-5 특수 세제

지금까지 일반적이고 기본적으로 사용하는 세제들을 살펴보았어요. 그 외 특수한 목적에 사용하는 세제로는 다음과 같은 것들이 있어요.

1.5.1 업무용 강력 세제

공장 등에서 배출되는 오염 물질, 찌든 때, 기름때 등을 제거하는 세제예요. 분말과 액체, 젤리 상태가 있어요.

● 성분

분말, 액체 모두 기본 성분은 세제의 기본인 양친매성 분자이지만, 그 외 산이나 염기를 섞을 때도 있어요. 또 금속계의 때, 오염 물질을 제거하기 위해 킬레이트계의 시약을 첨가하기도 해요.

여기에 유기 용제를 섞어 녹이거나 반죽한 것이 액체, 젤리계의 세제예요. 유기 용제에 의해 유기계, 즉 물에 잘 녹지 않는 때를 제거해요.

● 주의점

업무용 세제를 사용할 때는 두 가지 점에 주의해야 해요.

● 피부에 주의

첫 번째, 업무용 세제는 작용이 강하기 때문에 피부에 묻지 않도록 해야 해요. 산과 염기도 피부를 침투해요. 알레르기 체질이라면 특히 주의해야 해요.

또한, 작업할 때는 긴소매 옷과 고무장갑을 착용해 주세요. 오랜 시간 많은 양을 취급할 때나 얼굴보다 높은 곳을 작업할 때는 고글 등의 보호 안경도 필요해요.

강한 세제를 취급할 때는 고무장갑을 착용한다.

● 화학 반응에 주의

두 번째는 산, 염기의 반응성이에요. 예상치 못한 물질이 산, 염기와 반응하여 뜻하지 않은 사고로 이어질 수 있어요. 2012년 10월 심야, 도쿄 야마노테선의 전차 안에서 승객이 갖고 있던 알루미늄 캔이 갑자기 파열한 일이 있었어요. 그 결과 캔 안에 들어있던 액체가 뿜어져 나와 승객 9명이 화상을 입고 병원에 실려 가는 사고가 일어났어요.

이 사고는 승객 중 한 사람이 아르바이트로 일하던 곳에서 사용하는 업무용 액체 세제를 음료수용 알루미늄 캔에 넣어 귀가하던 중 발생했어요. 문제의 세제는 염기성이었는데 알루미늄은 특수한 금속으로 산이나 염기와 반응하면 수소 가스 H_2를 발생해요. 사고는 이 수소 가스에 의해 알루미늄 캔의 내부 압력이 높아져 파열되서 발생한 거예요.

수소는 가연성과 폭발성이 있는 기체예요. 만일 주위에 화기가 있으면 폭발할 가능성이 있어요. 또 세제가 튀어 눈에 들어가면 심각한 장애를 입을 수도 있어요. 이 사고에서는 염기성 세제가 문제가 되었지만, 알루미늄을 포함한 많은 금속은 산과 반응하여 수소 가스를 발생해요. 따라서 화학 반응에는 각별한 주의가 필요해요.

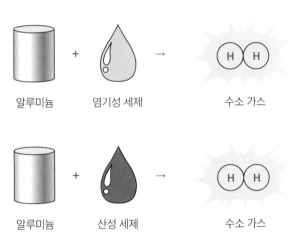

알루미늄은 염기·산과 반응하여 수소 가스 H_2를 발생시킨다.

1.5.2 주방용 세제

한꺼번에 많은 양의 설거지를 하기 위해 계면 활성제 외에 염기계의 시약이나 킬레이트계의 시약을 첨가할 때도 있어요. 또 식기 세척기를 청소할 때 사용하는 세정제에는 세척기 안의 찌든 물때, 즉 수돗물에 포함된 마그네슘과 칼슘 등을 제거하기 위해 산성 성분과 킬레이트제가 포함되어 있어요.

1.5.3 역성 비누

일반적이지는 않지만 역성 비누라는 계면 활성제가 있어요. 보통의 비누는 물에 녹였을 때 R-COO⁻라는 화학식에서 알 수 있듯이 본체 부분은 음전하를 띠어요.

하지만 역성 비누를 물에 녹이면 본체 부분은 $R-NH_3^+$가 되어 양전하를 띠게 돼요. 그래서 역성 비누라고 해요.

$$R-NH_3^+Cl^- \rightarrow R-NH_3^+ \ + \ Cl^-$$

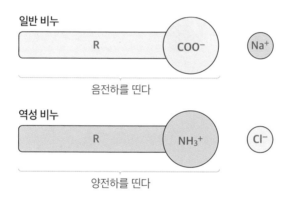

역성 비누는 물에 녹으면 양전하를 띠어요.

역성 비누에는 살균성이 있어서(다음 그림을 참조), 의료 현장 등에서 손 소독제로 사용해요. 하지만 보통 세제와 역성 비누를 섞으면 양쪽 분자가 결합하여 양쪽 모두 세제로서의 세정력은 물론이고 역성 비누의 살균력도 없어져요.

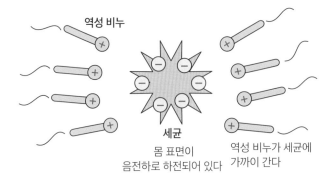

역성 비누

세균
몸 표면이
음전하로 하전되어 있다

역성 비누가 세균에
가까이 간다

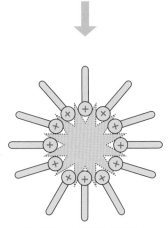

역성 비누가 세균을 둘러싸면
세균의 표면이 변질되어 파괴(살균)된다

역성 비누에는 살균 효과가 있다.

따라서 역성 비누를 살균 목적으로 사용할 때는 보통의 비누로 손을 씻고, 흐르는 물에 비눗물을 잘 씻어 낸 다음에 역성 비누로 다시 씻어야 해요.

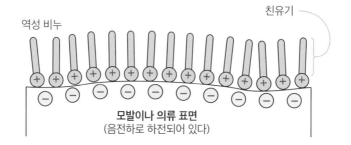

역성 비누는 린스나 유연제로 사용된다.

　역성 비누는 샴푸의 린스나 세탁의 유연제로도 사용돼요. 모발을 구성하는 단백질이나 옷의 섬유는 음전하로 하전되어 있어요. 그래서 양전하로 하전된 역성 비누의 친수성 부분(친수기)은 여기에 끌려서 표면을 덮어요. 이때 친유성 부분(친유기)은 바깥쪽으로 향하고 이것이 마찰 저항을 약화시켜 감촉을 매끄럽게 해요.

의류의
얼룩, 때

2-1 의류의 얼룩, 때의 구조와 제거

앞의 1장에서는 얼룩과 때란 무엇이며 어떻게 발생하는지, 또 세제란 무엇이고 때를 어떻게 제거하는지 등에 관하여 설명을 했어요. 하지만 이 책을 읽는 독자 중에는 그런 긴 설명은 아무래도 좋으니까, 얼룩과 때를 쉽게 제거하는 방법을 먼저 가르쳐 달라는 분도 있을 거예요.

그래서 2장에서는 '손쉽게' 얼룩과 때를 제거하는 방법에 대해서 살펴볼게요. 세제의 원리나 세탁의 원리 등은 뒤에서 자세히 알아보기로 해요.

2.1.1 땀 얼룩은 수용성

땀 얼룩은 수용성이에요. 그래서 기본적으로 너무 더러워지기 전에 **물로** 씻으면 지워져요.

하지만 땀에도 약간의 단백질이 들어 있으며 단백질에는 지용성과 수용성, 두 종류가 있어요. 따라서 땀을 많이 흘려서 생긴 얼룩이나 시간이 지나 누렇게 변한 때에는 단백질이 달라붙어 있을 수 있어요.

가령 와이셔츠의 목둘레의 때를 제거하려면 **약염기성의 주방용 세제**가 효과적이에요. 만일 때가 잘 제거되지 않는다면 **주방용 세제와 탄산수소 나트륨 (베이킹 소다)을 1 : 1 비율로 섞어서** 목둘레에 묻힌 다음, 주방에서 사용하는 스펀지로 마치 지우개로 지우듯이 문지르면 쉽게 제거돼요. 누런 찌든 때가 남아 있으면 **표백제와 세제를 1:1로 섞어서** 찌든 때에 뿌리고 하룻밤 둔 다음, 보통 때처럼 세탁해주세요.

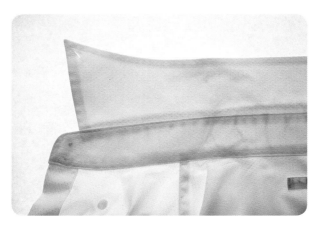
와이셔츠의 목둘레의 찌든 때는 약염기성의 주방용 세제가 효과적이다.

표백제를 사용할 경우 탈색될 우려가 있어요. 기본적으로 **흰색 옷에는 염소계, 색깔 옷에는 산소계**가 좋지만, 반드시 먼저 옷의 눈에 띄지 않는 부분에 시험해보고 탈색되지 않는 것을 확인한 후 사용하는 것이 중요해요.

2.1.2 주스 얼룩은 산성

과일 얼룩, 특히 포도 등의 색이 짙은 얼룩은 빼기 어려워요. 이와 같은 산성 얼룩에는 염기성의 **탄산수소 나트륨**이 효과적이에요. 얼룩 위에 탄산수소 나트륨 가루를 뿌리고 물을 조금 뿌려 주세요. 얼룩 위에 탄산수소 나트륨을 풀물 상태로 만드는 거예요. 다음에 50℃ 정도의 뜨거운 물을 붓고 비벼 빨아 주세요.

이후 탄산수소 나트륨이 남아 있지 않도록 여러 번 물로 헹구어 내요.

2.1.3 간장, 소스, 와인, 케첩 얼룩

얼룩이 묻었다면 서둘러 지워야 해요. 얼룩이 묻은 옷의 뒷면에 천이나 화장지를 댄 다음 얼룩 표면에 물을 적신 천이나 화장지로 얼룩을 집어내듯이 빼주세요. 세제를 물에 녹여서 사용하면 더 효과적이에요. 이때 문지르거나 하면 얼룩이 번지므로 주의해주세요. 그래도 얼룩이 남아 있으면 **표백제**를 이용하여 세탁해주세요.

2.1.4 카레, 미트 소스 얼룩은 수용성과 지용성의 혼합물

카레와 같은 향신료의 얼룩은 제거하기가 어려워서 특히 주의해야 해요. 우선 물로 고형분을 씻어 주세요.

남은 얼룩에는 수용성과 지용성이 섞여 있는데, 우선 지용성 얼룩을 빼기 위해 **주방용 세제**를 이용해요. 다음에 수용성 얼룩을 빼기 위해서는 **표백제**가 효과적이에요. 색깔 옷은 산소계가 무난해요.

그래도 얼룩이 남아 있다면 무리하지 말고 세탁 전문점에 맡기는 편이 좋을 거예요.

2.1.5 혈액, 달걀, 단백질 얼룩은 디아스타아제로 분해

혈액 얼룩은 바로 지우면 제거되지만, 시간이 오래되면 굳어져 제거하기가 어려워요.

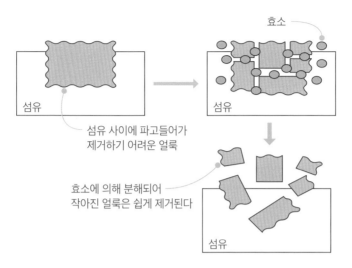

효소

섬유

섬유 사이에 파고들어가
제거하기 어려운 얼룩

효소에 의해 분해되어
작아진 얼룩은 쉽게 제거된다

섬유

효소에 의해 분해된 얼룩은 쉽게 제거된다.

무즙에 함유된 분해 효소 디아스타아제는 혈액의 얼룩을 제거한다.

이때 의외로 간단하면서도 효과적인 방법이 있는데 바로 **무즙**이에요. 무
에는 단백질 분해 효소인 **디아스타아제**가 함유되어 있는데 이것을 이용하는
거예요. 무즙을 천에 감싸거나 짜낸 무즙 액을 천에 묻혀서 얼룩 부분에 대어

주세요. 잠시 기다리면 혈액 색이 없어질 거예요. 마무리는 세탁기 등을 이용하여 빨아 주세요.

그래도 얼룩이 제거되지 않으면 **암모니아수**를 이용해요. 암모니아수를 천에 묻혀서 얼룩 부분에 대고 잠시 놔두세요. 그런 후 혈액 색이 빠지면 일반 빨래처럼 빨아 주세요. 암모니아수는 냄새가 강렬하므로 충분히 주의해주세요.

$$NH_3 + H_2O \rightarrow \underline{NH_4^+ + OH^-}$$

암모니아수

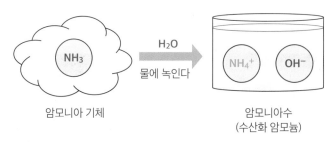

암모니아수는 암모니아 기체를 물에 녹인 물질

2.1.6 화장품 얼룩은 전용 리무버를 사용

여기서 말하는 화장품 얼룩이란 의류에 묻은 것을 말해요. 얼굴에 바른 화장품을 지우는 방법이 아니라는 점을 미리 말씀드려요.

화장품의 특징은 얼굴에 바른 후에는 반드시 지운다는 거예요. 이를 위한 전용 리무버가 준비되어 있어요. 의류에 묻은 화장품을 지울 때도 그것을 사용하면 좋겠죠.

◉ 파운데이션 얼룩

클렌징 오일로 지워요. 클렌징 오일을 별도의 천에 적셔 얼룩을 살살 문지르 듯이 하여 제거해주세요. 물론 얼룩이 빠진 후에는 세탁해주세요. 클렌징 오 일로 화장을 지운 후에 세안폼으로 얼굴을 씻는 것과 같아요.

◉ 립스틱 얼룩

색이 진하므로 얼룩이 번지지 않도록 주의해야 해요. 우선 **주방 세제와 클렌 징 오일의 1:1 혼합물**을 만들어 주세요. 이것을 면봉이나 솔을 사용하여 얼룩 에 바르고 따뜻한 물에 담가 면봉, 솔, 손가락 끝으로 얼룩 부분이 번지지 않 도록 빨아주세요. 이렇게 여러 번 반복한 후 옷 전체를 세탁해요.

◉ 마스카라 얼룩

아이 메이크업 리무버나 **클렌징 오일**을 얼룩 위에 발라 주세요. 그 위에 천을 대어 얼룩이 천으로 옮겨가도록 한 후, 다른 천에 중성 **세제 수용액**을 적셔 얼 룩 부분을 살살 문지르듯이 리무버를 씻어내요. 마무리로 세탁해 주세요.

◉ 매니큐어 얼룩은 페인트와 같다

매니큐어는 페인트와 같은 도료라서 지우는 방법은 **제광액**밖에 없어요. 제광 액은 시너 등을 일컬으며 각종 유기 용매의 혼합물이에요.

　주성분은 **아세톤**이 많으며 그 밖에 각종 알코올도 섞여 있고 성분이나 혼 합 비율은 제조 회사마다 달라요. 하지만 가연 성과 인화성이 강해서 화기 근처에서 엎지르 거나 하면 큰일나요.

　얼룩 아래에 천을 깔고 솔이나 천에 제광액 을 묻혀 얼룩을 두드리듯이 녹여 주면 얼룩이

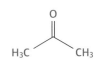

제광액의 주성분인 아세톤은
가연성, 인화성이 강한
물질이므로 화기 엄금

천으로 옮겨가요. 얼룩이 남아 있으면 **주방용 세제**를 이용해도 좋아요. 이후에 세탁해 주세요.

2.1.7 넥타이에 묻은 얼룩은 벤젠으로

넥타이에 손때가 잘 묻는 곳은 매듭 부분으로 가장 눈에 잘 띄는 부분이기도 해요.

만일 이 부분만 때가 묻었다면 **벤젠**으로 빼면 좋아요. 벤젠을 천에 묻혀 얼룩이 진 부분을 쓸어 내리듯 해서 얼룩을 빼 주세요. 얼룩이 심할 때는 벤젠에 담가 주세요. 벤젠 냄새는 바람이 잘 통하는 곳에 몇 시간 놔두면 날아가요.

2.1.8 잉크는 수용성인지 지용성인지를 판단

잉크는 수성펜처럼 수성 잉크와 매직처럼 지용성 잉크가 있어요.

수용성 잉크는 **일반 세제**로 제거할 수 있어요. 얼룩 아래에 천을 깔고 일반 세제를 적신 천으로 위에서 두드리듯이 씻어내 준 후 세탁해 주세요.

지용성 잉크는 **주방용 세제와 알코올(에탄올)을 1 : 1 혼합**하여 위와 동일한 방법으로 씻어내 주세요. 얼룩이 아래에 간 천으로 옮겨진 후 헹궈 주세요. 단, 색이 바래질 수 있으니 주의해야 해요. 여러 번 반복하여 얼룩이 제거되면 세탁을 해주세요.

기름때는 염기성 세제로

앞치마나 작업복 등에 묻은 찌든 기름때는 잘 지워지지 않아요. 그렇다고 세탁소에 맡길 만큼 때가 심하지 않다면 강염기성의 **청소용 세제(락스 등)**를 사용하면 좋아요. 하지만 색이 바래거나 옷감이 상할 수 있으므로 아끼는 옷에는 사용하지 말고 세탁 전문점에 맡기는 편이 좋아요.

흙탕물은 물리적인 얼룩

진흙 얼룩은 다른 얼룩과 달라요. 화학적이 아닌 **물리적인 얼룩**이에요. 다시 말해서 모래, 진흙처럼 작은 입자가 천 섬유 사이에 낀 거예요. 따라서 세정의 기본은 모래 입자를 빼내는 거예요. 얼룩진 부분을 물에 담가 솔로 두드리거나 비벼서 제거해요.

　그래도 얼룩이 남아 있으면 고형 비누를 사용하여 얼룩 부분이 하얗게 될 때까지 비벼준 다음, 얼룩 부분의 뒷면에 샤워기를 세게 틀어 수압으로 밀어내는 것도 간단하면서도 효과적이에요.

꽃가루에 물세탁은 엄금

백합의 꽃가루는 얼룩이 지기 쉬워요. 꽃집에서는 수술을 일부러 잘라서 판매하기도 하지만, 가정에서는 그대로 키울 때가 많아요. 그런데 백합뿐만 아니라 **꽃가루 얼룩은 물로 빨면 안 돼요.** 꽃가루는 생명체이므로 물을 주면 더 건강해져서 잘 지워지지 않아요.

꽃가루가 묻었을 때는 빨래보다는 청소기를 떠올려 주세요. 즉, **진공청소기**로 빨아들이는 거예요. 청소기 부품 중에서 가장 가는 노즐을 끼워 꽃가루를 빨아들이는데, 이때 천까지 빨아들이면 옷감이 상하므로 주의해야 해요. 그래도 얼룩이 남아 있다면 알코올을 적신 다른 천으로 부드럽게 쓸어 내리듯 하여 제거해주세요. 색깔 옷이라면 알코올로 색이 바래지 않도록 먼저 눈에 띄지 않는 부분에 시험해보고 나서 하면 좋겠지요.

2.1.12 쇳녹은 산으로 녹인다

자전거나 기계 등을 만지다가 옷에 쇳녹이 묻을 때가 있어요. 이럴 때는 산으로 녹이면 좋아요. 우리 주변에 산은 욕실 청소용 세제에 포함된 염산, 식초에 포함된 초산, 최근 유행하는 구연산 등이 있는데, 욕실용 세제는 너무 강력하여 옷감을 상하게 할 수 있으므로 주의해야 해요. 금속을 녹이는 데는 금속 이온을 마치 게의 집게로 꽉 잡는 듯한 킬레이트제(1.4.2 참조)로 작용하는 **구연산**이 효과적이에요.

구연산 수용액을 얼룩에 적신 후 잠깐 두었다가 물로 헹궈 주세요.

2.1.13 덜 마른 옷의 냄새는 잡균 탓

덜 마른 옷의 냄새는 잡균 번식이 원인이에요. 따라서 대처법은 **잡균이 번식하지 않도록 하는 거예요.** 빨래에서 잡균이 번식하는 주된 이유는 다음과 같아요.

① 빨래에 때가 남아 있다.

② 빨래에 잡균이 묻었다.

③ 빨래 도중에 잡균이 묻었다.

④ 건조 도중에 잡균이 번식했다.

①의 대처법은 빨래를 깨끗이 빠는 것으로 어쩌면 당연한 일이에요.

②의 대처법은 빨래를 시작하기 전에 50℃ 정도의 물을 부어 빨래를 살균하면 효과적이에요.

③의 원인은 세탁기의 세탁조가 오염되어 잡균이나 곰팡이가 피었기 때문이에요. 헹구는 물이 깨끗하지 않으면 잡균이 생기는 것은 당연해요.

④는 건조를 빠르게 하면 해결할 수 있어요. 날씨가 맑은 날에 빨래해서 널거나 건조기를 이용하면 좋아요. 빨래가 덜 말랐다면 다리미로 다려 주세요.

2-2 의류용 세제의 원리

의류의 얼룩을 없애고 싶을 때는 세제를 사용해요. 세제는 양친매성 분자로 친수성 부분과 소수성 부분이 있다는 것을 1장에서 살펴보았어요. 그렇다면 세탁 과정에서 양친매성 분자는 어떻게 작용할까요?

2.2.1 분자막

세제를 물에 녹이면 분자의 친수성 부분만 물속에 들어가고 소수성 부분은 공기 중에 남기 때문에 분자는 물구나무선 모양으로 수면에 머물러요.

세제 분자가 증가하면 수면은 분자 뚜껑으로 덮인 모양이 돼요. 수면이 마치 세제 분자의 막으로 덮인 것 같은 상태라고 할 수 있어요. 이러한 상태의 분자 집단을 **분자막**이라고 불러요.

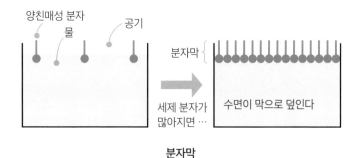

분자막

중요한 것은 단순히 분자가 집단으로 모여 분자막을 구성하는 거예요. 다시 말해서 각 분자는 서로 결합하고 있지 않아요. 이러한 집단을 **초분자**라고 해요. 폴리에틸렌 등의 플라스틱은 일반적으로 고분자라고 해요. 고분자도 수많은 단위 분자로 이루어져 있지만, 고분자에서 각 단위 분자는 모두 결합하고 있어요. 결합하고 있는지 아닌지, 이 점이 분자의 성질에 결정적인 차이를 가져와요.

2.2.2 ## 미셀

세제 분자의 양을 늘리면 표면은 분자로 꽉 채워져요. 분자의 양을 더욱 늘리면 표면에 있을 곳이 없어진 분자는 할 수 없이 물속에 잠겨요. 이러한 분자를 **모노머**라고 해요.

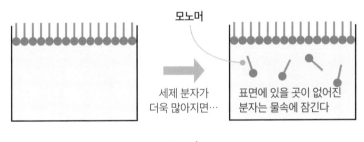

모노머

세제의 양을 더 많이 늘리면 이번에는 모노머가 집단을 만들어요. 소수성 부분을 최대한 물에서 떼어놓으려고 하는 집단이에요. 분자의 소수성 부분을 물에서 떼어놓으려면 어떻게 하면 좋을까요? 이를 위해서는 분자의 소수성 부분을 안쪽으로 하고, 친수성 부분을 바깥쪽으로 하는 둥근 구 형태가 좋아요. 이러한 분자의 집단을 **미셀**이라고 해요. 미셀은 더 커지면 주머니 모양이 되고 미셀 안으로는 물이 들어가요. 세탁할 때의 세제 물은 이러한 상태예요.

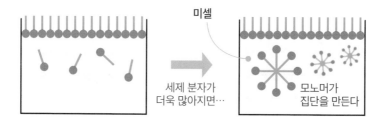

미셀

2.2.3 비눗방울

분자막은 겹쳐질 수 있어요. 두 겹으로 이루어진 분자막을 **이분자막**이라고 해요.

비눗방울은 이분자막으로 이루어진 주머니와 같아요. 분자막의 이음새는 친수성 분자가 마주 보고 있어서 이 부분에 물이 들어갈 수 있어요. 즉, 비눗방울은 '세제 분자 – 물 – 세제 분자'라는 3층 구조의 막으로 이루어진 주머니 안에 공기가 들어간 구조인 거예요. 세제 액 표면에 생기는 거품도 비눗방울과 같은 구조예요.

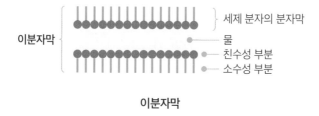

이분자막

참고로 우리 몸을 만드는 세포의 바깥을 감싸는 세포막도 이분자막 구조예요. 하지만 세포막을 만드는 양친매성 분자는 세제 분자가 아니라 인지질이라는 유지와 인산으로 이루어진 분자예요.

세탁과 드라이클리닝의 구조

속옷은 갈아입은 후에 바로 빠는 것이 좋아요. **2.1 의류의 얼룩, 때의 구조와 제거**에서 설명한 것을 참고로 특별한 얼룩이 묻었을 때는 집중적으로 처리해 주세요. 보통 **얼룩 제거**라고 말하는데 이후에 옷 전체를 세탁해요.

얼룩, 때가 잘 제거되지 않거나 아끼는 옷 혹은 특수한 얼룩은 세탁 전문점의 전문가에게 맡기는 편이 좋아요.

그런데 일반 세탁과 드라이클리닝은 세탁 방법이 다른 걸까요? 아니면 때를 제거하는 세기가 다른 걸까요?

2.3.1 세탁의 원리

보통 세탁은 옷의 얼룩과 때를 씻어 내는 작업을 말하고 '드라이클리닝'은 세탁 전문점에 맡길 때 사용해요. 드라이클리닝이라는 말은 제2차 세계대전 이후 일본에 주둔한 미군 가정에서 옷에 얼룩이 묻으면 전문 '드라이클리닝' 업자에게 맡긴 것에서 유래했다고 해요.

🔵 세탁과 클리닝의 다른 점

이렇게 해서 세탁과 드라이클리닝의 구별이 생겼어요. 세탁도, 드라이클리닝도 근본적인 의미는 '옷의 얼룩과 때를 씻어내는 것'이에요. 하지만 방법은 달라요. 세탁은 **물을 용매로 옷의 얼룩과 때를 씻어내는 방식**이며, 클리닝은 **유기 용매에 의해 옷의 얼룩과 때를 씻어내는 방식**을 말해요. 일반 가정에서는 다량의 유기 용매를 다룰 수 없으므로 클리닝은 전문 업자에게 맡기고 있어요.

세탁의 방법론

세탁은 물로 얼룩, 때, 먼지 등을 제거하는 일을 말해요. 옷에 묻은 것 뿐만 아니라 목제 옷장에 오랫동안 넣어두어 생긴 얼룩 제거도 포함돼요.

옷에 묻은 수용성 얼룩과 때는 물을 충분히 받아 담가두면 얼룩과 때가 물로 이동하여 옷이 깨끗해져요. 쉬운 이야기로 흐르는 강물에 넣어 비벼 빨면 때가 잘 빠지는 것과 같아요.

일본의 대표적인 염색법인 유젠友禅염색이나 고이노보리 옷감을 강물에 담그는 작업을 하는 이유도 이 때문이에요. 염색에 이용한 수용성 풀을 흐르는 강물에 씻어내는 거예요.

세제의 이용

앞에서 살펴보았듯이 물로 씻어낼 수 있는 얼룩, 때는 수용성뿐이에요. 그렇다면 지용성 얼룩과 때는 어떻게 하면 좋을까요? 이때 등장하는 것이 바로 세제예요.

세제에는 친수성과 소수성 부분이 있어요. 그리고 세탁물에서 세제는 수면을 덮을 정도의 농도를 넘어 대량의 모노머, 미셀이 존재해요.

그러면 기름때가 묻은 옷에는 어떻게 작용할까요? 모노머 세제 분자는 마치 구조선이라도 만난 듯 기름때에 착 달라붙어요. 물론 기름때에 달라붙는 것은 소수성 부분이에요.

감싸서 버림

다음 그림은 수많은 세제 분자가 기름때에 달라붙어 있는 장면을 나타낸 것이에요. 기름때에 수많은 세제 분자의 친유성 부분(소수성 부분)이 달라붙어

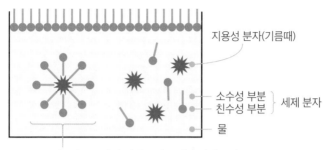

지용성 분자(기름때)

소수성 부분 ⎤
친수성 부분 ⎦ 세제 분자

물

기름때를 둘러싼 세제 분자(둘러싼 전체는 친수성)

물속에서 기름때에 달라붙은 세제 분자

있어요. 당연히 세제 분자의 반대쪽에는 친수성 부분이 붙어 있어요.

그 결과, 지용성 분자는 세제 분자의 '분자막'으로 둘러싸인 상태가 돼요. 그리고 둘러싼 바깥쪽은 '친수성'이에요. 즉, 둘러싼 전체는 물에 녹는 친수성인 거예요. 결과적으로 기름때는 마치 세제 분자막이라는 '보자기'에 둘러싸여 옷에서 떨어져 물속으로 사라져 가요. 기름때가 제거된 거예요.

이처럼 계면 활성제는 지용성 분자를 친수성으로 바꾸어 물속으로 빼내지만, 이 작용만 하는 것은 아니에요. 다음 그림처럼 섬유 등에 달라붙은 얼룩과 때를 벗겨내는 작용도 같이해요.

이렇게 하여 물을 용매로 하는 세탁은 세제를 이용하여 기름때까지 제거할 수 있게 돼요.

2.3.2 드라이클리닝의 구조

드라이클리닝은 유기 용매를 이용하여 얼룩과 때를 제거해요. 즉, 옷을 유기 용매 안에 담가 전용 세탁기로 빠는 거예요.

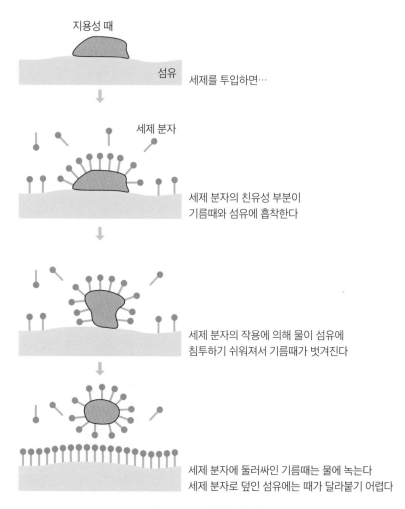

물

지용성 때

섬유

세제를 투입하면…

세제 분자

세제 분자의 친유성 부분이
기름때와 섬유에 흡착한다

세제 분자의 작용에 의해 물이 섬유에
침투하기 쉬워져서 기름때가 벗겨진다

세제 분자에 둘러싸인 기름때는 물에 녹는다
세제 분자로 덮인 섬유에는 때가 달라붙기 어렵다

세제는 기름때를 벗겨낸다.

🔵 용매

유기 용매에는 테트라클로로에틸렌(C_2Cl_4)과 같은 염소계의 화합물이나 공
업용 가솔린과 같은 탄화수소가 이용돼요. 테트라클로로에틸렌은 유해하고

발암성도 의심돼요. 이 때문에 취급 및 폐액 처리에 관해서 규정이 엄격히 정해져 있어요. 또 가솔린은 인화성이 강해요.

◉ 수용성 얼룩과 때

물이 지용성 얼룩과 때를 지우지 못하듯이 유기 용매는 수용성 얼룩과 때를 지우지 못해요. 그래서 수용성 얼룩과 때를 지우기 위해 용매에 소량의 물과 세제를 첨가해요.

유기 용매 속 세제의 역할은 앞에서 세탁을 설명하면서 살펴본 그림에서 세제 분자의 친수성 부분과 소수성 부분을 바꾸어 생각하면 돼요. 수용성 얼룩과 때는 소수성 보자기에 싸여 유기 용매 속으로 옮겨가요.

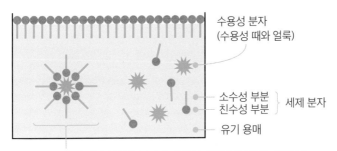

수용성 때와 얼룩을 둘러싼 세제 분자(둘러싼 전체는 친유성)

유기 용매 속에서 수용성 때와 얼룩에 달라붙는 세제 분자

표백

표백은 색이 밴 물질을 탈색하여 희게 만드는 것으로 세탁물뿐만 아니라 많은 물질과 작업에 사용돼요. 모발 염색, 특히 밝은색으로 염색할 때도 사용되며 다양한 음식물에도 쓰여요.

2.4.1 표백의 원리

표백은 대체로 옅은 누런색을 없애고 새하얗게 만드는 것을 의미해요. 이것을 화학적 관점에서 보면 어떠할까요?

다음 두 개의 그림은 잘 알려진 색소의 분자 구조예요. 이 책은 화학 교과서가 아니므로 일러스트 정도로 생각하고 봐주세요. 이러한 일러스트를 나타낸 데에는 이유가 있어요.

황색 4호(식용 색소)

인디고(청바지 색)

어떤 구조식에도 이중 결합(=)이 많이 있을 뿐만 아니라 단일 결합(−)과 교대로 연결하고 있어요. 이중 결합과 단일 결합이 교대로 연결되어 있는 것이 분자의 발색 원인이 돼요. 이중 결합의 연결이 길면(많으면) 색을 나타내며, 짧으면(적으면) 색은 사라져요.

2.4.2 이중 결합과 색의 관계

다음 그림의 **카로틴**은 유색 채소의 색소로 잘 알려져 있어요. 하지만 이것이 몸 안에 들어가면 산화 효소에 의해 딱 절반으로 산화 분해되어 **비타민 A**가 돼요.

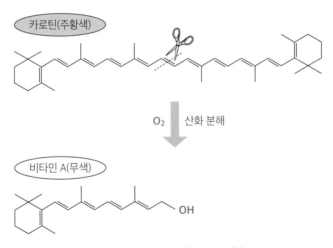

카로틴이 분해되어 비타민 A가 된다.

비타민 A는 연속되는 이중 결합이 5개뿐이에요. 그래서 비타민 A는 무색이에요. 즉, 분자는 보통 연속되는 이중 결합의 개수가 많으면 유색이고 개수가 적으면 무색이에요.

이를 간단하게 말하면, 길거나 큰 분자를 적당하게 잘라서 짧거나 작게 하면 색이 없어진다. 즉, 하얗게 된다는 것을 의미해요. 표백제란 바로 이런 원리를 실행하기 위한 화학 약품인 거예요.

 ## 표백제의 종류

이중 결합의 연결을 끊어내는 방법에는 두 가지가 있어요. 산화법과 환원법이에요.

◌ 산화 표백제

산화 표백이란 카로틴을 비타민 A로 바꾼 방법을 말해요. 더러워진 분자를 산화 분해하여 짧게 만들어요.

이를 위한 화학 물질로 자주 사용되는 것이 수돗물의 석회 성분인 차아염소산 칼륨 KClO이에요.

이것을 분해하면 산소 원자 O 혹은 산소 분자 O_2를 발생해요. 이것이 얼룩과 때 분자에 작용하여 산화 절단하는 거예요. 유효 성분이 염소를 함유하기 때문에 염소계 표백제라고 불리기도 해요.

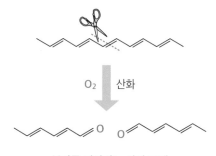

분자를 절단하는 산화 표백

환원 표백제

환원 표백제는 이중 결합에 수소 H_2를 첨가하여 이중 결합을 단일 결합으로
바꾸어요. 이때에도 교대로 연결되어 있던 이중 결합과 단일 결합이 끊어져
요. 자주 사용하는 화학 물질로 하이드로 설파이트 $Na_2S_2O_4$가 있어요.

하지만 이것은 효과가 너무 세서 옷을 상하게 할 수 있으므로 가정용으로
는 산화 표백제가 자주 사용돼요.

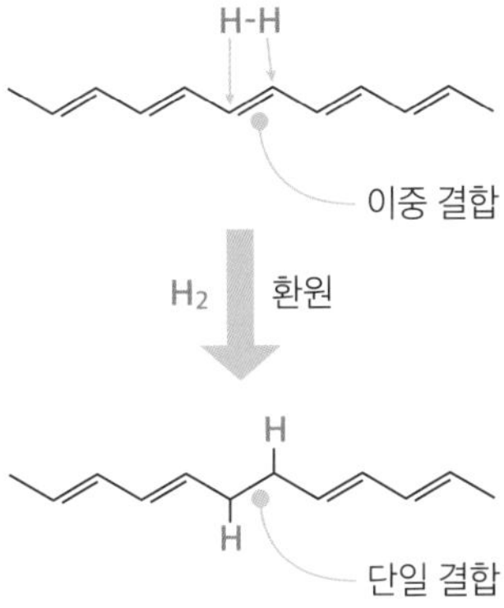

이중 결합을 단일 결합으로 바꾸는 환원 표백

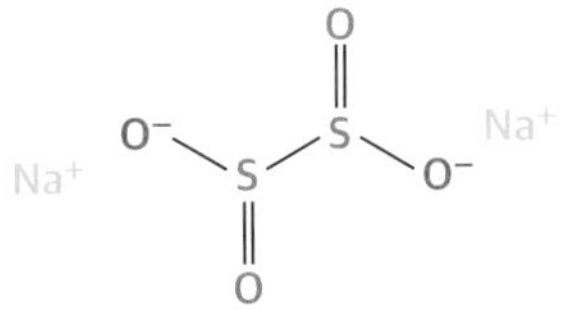

환원 표백에 이용되는 하이드로 설파이트

표백제의 종류와 용도

다음 표에 각종 표백제의 종류와 용도를 정리해 보았어요. 표백하려는 대상
에 따라 적절하게 구분하여 사용해야 해요.

표백제의 종류와 용도

		표백제	용도·특징
산화 표백제	염소계	차아염소산 나트륨 NaOCl	• 목면, 마, 폴리에스테르 등 • 액체여서 사용하기 쉽다 • 표백력이 강하다 • 보통 가정용으로 사용
		디클로로이소시아누르산 칼륨 $O=C$ 고리 구조 (Cl, N, K, O) 	• 목면, 마, 폴리에스테르 등 • 분말 • 가정 의류용에는 사용되지 않는다 • 가정용 클렌저(연마제가 들어 있는 세제) 등에 배합된다
		아염소산 나트륨 NaOCl$_2$	• 목면, 마, 폴리에스테르 등 • 섬유가 상하기 어렵다 • 공업적 정련·표백에 사용된다
	산소계	과산화 수소 H$_2$O$_2$	• 섬유에 영향이 적다 • 면, 모, 견의 표백에 적합하다
		과탄산 나트륨 2Na$_2$CO$_3$·3H$_2$O$_2$	• 모, 견 이외의 섬유에 사용 • 색깔 옷, 무늬 옷에도 사용할 수 있다
		과붕산 나트륨 NaBO$_3$·4H$_2$O	
		과초산 CH$_3$COOOH	• 천연 섬유, 합성 섬유에 사용 • 표백력이 강하다 • 공업적으로 사용된다
환원 표백제		하이드로 설파이트 Na$_2$S$_2$O$_4$	• 천연 섬유, 합성 섬유에 사용 • 철분에 의한 황색화, 수지 가공의 황색화에 효과가 있다
		이산화 티오요소 (NH$_2$)$_2$CSO$_2$	

표백제의 위험성

세제에 붙어 있는 라벨을 보면 간혹 '섞으면 위험'이라는 주의 사항이 표시되어 있어요. 주로 '표백제'에 사용하며, 표백제와 욕실용 세제를 섞으면 맹독성 염소 가스가 발생한다는 사실을 단적으로 말해주고 있어요.

이 경우의 표백제는 산화계, 즉 염소계이며, 욕실용 세제에는 염산 HCl이 섞여 있는 것을 전제로 해요. 이 둘을 섞으면 다음과 같은 반응식에 따라 빠르게 염소 가스 Cl_2가 발생해요.

$$KClO + 2HCl \rightarrow KCl + H_2O + Cl_2$$

| 차아염소산
칼륨 | 염산 2개 | 염화 칼륨 | 물 | 염소 가스 |

산은 욕실용 세제뿐만 아니라 식초, 구연산, 염산 등 어디든 있어요. 토사물로 더러워진 옷에서 염소 가스가 발생한 예도 있는데, 위액에 염산이 들어 있기 때문이에요. 식초에는 초산이 함유되어 있으며 구연산은 산 그 자체예요.

현대의 집안일에는 화학적 지식이 요구된다고 해요. 그도 그럴 것이 주방, 욕실, 화장대에 화학 약품으로 가득하기 때문이에요.

2-5 형광 염료

누렇게 변색한 옷을 표백제로 처리해도 때가 완전히 빠지지 않고 남아 있는 경우도 있어요. 누구나 경험하는 곤란한 일이 아닐 수 없어요. 예전에는 이럴 때 옅은 푸른 빛으로 염색하기도 했어요. 그러면 누런색은 푸른색으로 덮여 없어지지만, 전체적으로 칙칙한 느낌이 들어 밝고 하얀 옷으로 돌아가기는 어려웠어요.

◖ 에스쿨린

이러한 고민을 해결해준 것이 에스쿨린 $C_{15}H_{16}O_9$이에요.

에스쿨린(Aesculin)

에스쿨린은 1929년에 서양칠엽수에서 분리한 물질로 형광성을 가지고 있어요. 형광이란 분자가 발하는 빛을 말해요. 분자는 빛을 흡수하여 일단 저장한 후 이를 발광해요. 저장하는 시간은 10의 마이너스 몇 승 초의 짧은 것부터 몇 시간이나 되는 것까지 다양해요. 일반적으로 시간이 짧은 빛을 형광, 긴 빛을 인광이라고 해요.

에스쿨린으로 염색하면 때가 탄 누런빛이 에스쿨린이 발하는 푸른 형광빛으로 덮여 눈부신 흰색으로 변색해요.

현재 형광 염료는 세탁뿐만 아니라 식품, 포장재, 새 옷 등 많은 소재에 사용되고 있어요.

◉ 형광의 원리

분자가 빛을 흡수하여 발광하는 동안에는 에너지 손실이 발생하기 때문에 형광, 인광의 에너지는 흡수광보다 낮아지고 파장은 길어져요. 다시 말해서 에스쿨린은 눈에 보이지 않는 파장의 짧은 자외선을 흡수하여 그것보다 파장이 긴 푸른 가시광선을 발광하는 거예요.

3

물 주위의
얼룩과 때

3-1 기름때

주방은 집안에서 가장 더러워지기 쉬운 장소라고 해도 좋을 거예요. 주방에는 다른 장소에서 볼 수 있는 먼지 외에도 물, 기름때가 섞여 있어요. 특히 기름때는 주방 특성상 생길 수밖에 없어서 많은 가정에서 곤란을 겪는 문제이기도 해요.

3.1.1 기름의 구조

주방의 기름때는 식용유 등 기름에 의해 생겨요. 기름은 가솔린이나 등유와 같은 석유류와 달리 특유의 분자 구조를 가져요.

석유류는 기본적인 탄화수소이며 탄소 C와 수소 H만으로 이루어져 있어요. 그것은 CH_2라는 단위 구조가 여러 개 연속한 것이에요. 가솔린이나 등유는 5개부터 10개 정도이며 그보다 길면 중유가 되고 20개 정도면 바셀린, 1만 개 이상이 연속하면 폴리에틸렌이 돼요.

이에 반해서 식용유, 기름은 지방산이라는 산과 글리세린이라는 알코올이 결합한 것으로 흔히 에스테르라고 불리는 것의 일종이에요. 기름에 다양한 종류가 있는 이유는 지방산의 구조가 다르기 때문이에요.

일반적으로 식물이나 어류의 지방산은 이중 결합(불포화 결합)을 갖는 불포화 지방산이며 기름은 실온에서 액체예요. 반대로 포유류의 지방산은 단일 결합(포화 결합)만으로 이루어져 있으며(포화 지방산), 기름은 실온에서 고체예요.

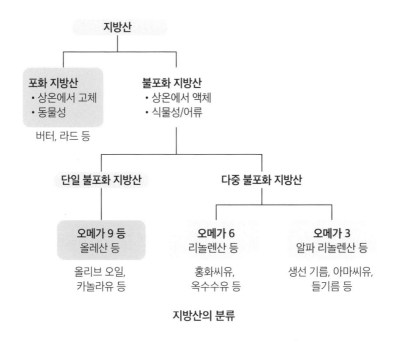

지방산의 분류

기름의 휘발

일반적으로 기름의 끓는점은 150℃ 이상으로 물보다 높아요. 그래서 주방에서 가열한 정도로는 끓어서 기체가 되는 일은 없어요. 하지만 주방에서 흔히 기름을 사용했을 때 온도가 올라가면 약간의 기름은 기화하여 공기 중으로 흩어져요.

또 음식의 기름은 미세한 물방울과 섞여 있어요. 가열하면 물방울은 폭발적으로 끓으면서 기름도 공기 중으로 튀어 나가요. 이렇게 해서 기름을 사용했을 때 주방의 공기는 기름의 미세 입자로 가득하게 돼요.

기름 입자들은 공기 중을 떠돌다가 주방 벽이나 문 등 어디에나 붙어요. 특히 공기를 모으는 환기팬에 찰싹 달라붙어요.

3.1.3 기름때 생성

기름은 용기에 붙을 뿐만 아니라 점착성이 있어요. 그래서 공기 중을 떠돌던 미세 먼지를 빨아들여 달라붙게 해요.

불포화 지방산은 산화되기 쉬운 성질이 있어요. 산화되면 액체였던 기름은 고체가 돼요. 이러한 현상을 이용한 것이 유화예요. 유화는 액체 기름에 안료를 섞어 그것이 캔버스 위에서 산화되어 고체가 되는 점을 이용하여 안료를 캔버스에 고착시킨 거예요.

이처럼 기름때는 시간이 지날수록 많은 먼지를 빨아들여 산화되어 고체가 돼요. 그래서 점점 더 제거하기 어려워져요.

먼지가 흡착된 후드 필터

3.1.4 기름때 제거

기름때를 제거하려면 세제의 힘을 빌려야 해요.

가령 표면이 매끄러운 싱크대 문이나 타일 벽 등에 달라붙은 기름때는 **중성 세제**로 닦으면 잘 제거돼요.

그래도 잘 닦이지 않을 때는 **약염기성 세제**(주방용 세제 등)로 연마제가 들

어 있지 않은 스펀지를 이용하여 문질러서 닦으면 잘 제거돼요. 주방 바닥도
같은 방법으로 닦아요.

3.1.5 환기팬, 그릴의 기름때

환기팬이나 그릴, 생선 굽는 프라이팬에 붙은 기름때는 끈적끈적하여 기분도
좋지 않아요.

◉ 가벼운 기름때는 탄산수소 나트륨 + 주방 세제 + 뜨거운 물

가벼운 기름때에는 **탄산수소 나트륨**을 사용해요. 먼저 **주방용 세제**와 같은 비
율 혹은 2배 정도의 탄산수소 나트륨을 뜨거운 물에 녹여 주세요. 그 물에 환
기팬을 떼어 몇 시간 정도 담가둡니다. 그러면 기름층이 뜨는데 그곳을 솔이
나 스펀지를 이용하여 닦아 주세요.

가벼운 기름때는 '탄산수소 나트륨 + 주방 세제 + 뜨거운 물'로 기름층을 뜨게 하여 제거한다.

이처럼 기름때가 뜨는 이유는 탄산수소 나트륨에 열을 가하면 다음과 같
은 반응이 일어나서 탄산 가스의 거품이 발생하기 때문이에요.

$$2NaHCO_3 \rightarrow Na_2CO_3 + CO_2 + H_2O$$

탄산수소 나트륨
2개

탄산 나트륨　　　이산화탄소　　　물

⦿ 심한 기름때는 물리적으로 처리

갈색이나 검은색에 가까운 찌든 기름때가 달라붙어 있을 때, 이것을 화학적인 힘만으로 제거하는 것은 무리예요. 기계적, 물리적인 힘을 이용해야 해요. 세제를 사용하기 전에 나무 주걱, 나무 꼬챙이, 금속 주걱, 부엌칼 등을 이용하여 달라붙은 기름때를 **긁어내어** 제거해 주세요.

이후에 남은 기름때는 탄산수소 나트륨 가루를 뿌리고 솔로 문질러 씻어 주세요.

3.1.6 기름때 예방

기름때 대책의 기본은 기름때가 쌓이지 않게 하는 거예요. 튀김이나 볶음 요리, 생선을 구울 때는 가스레인지 주변의 벽이나 문을 **중성 세제를 적신 행주**로 닦아 주세요. 이렇게 해두면 세제 막이 기름때를 빨아들여요. 조리 후에 닦아 내면 세제 막과 함께 기름때가 제거되어 좋아요.

또 다른 요령도 있어요. 예를 들어 환기팬의 날개를 랩으로 감싸 두는 거예요. 랩만 바꿔 씌우면 팬 날개가 깨끗해요.

생선 굽는 그릴을 사용할 때는 **300 mL의 물에 녹말가루(큰 스푼 7 정도의 분량)**를 녹인 액체를 그릴 판의 기름받이에 깔아 두세요. 생선을 굽고 나서 그릴 판 바닥에 생긴 녹말가루 막을 버리기만 하면 되니까 간단해요.

물을 많이 사용하는 싱크대, 욕실의 물때와 얼룩은 당연히 수용성이라고 생각할 거예요. 그러면 물로 바로 제거될 것 같지만 그리 간단하지 않아요. 때가 끼기 전에는 수용성이지만, 이후에는 불용성으로 바뀌는 경우도 있어요. 이런 경우 어떻게 제거하면 될까요?

3.2.1 세면대, 욕실의 물때

수돗물 주변에 물때가 생겨서 잘 제거되지 않을 때는 물에 불순물이 있는 것은 아닌지 왠지 미덥지 못하다는 생각까지 들어요.

◉ 물때의 성분은 금속 화합물

욕실에서 특히 신경 쓰이는 것이 세면대나 거울에 붙은 흔히 물때라고 하는 하얀 얼룩이 아닐까요?

이런 물때는 수돗물에 함유된 각종 금속 이온, 예를 들어 마그네슘 이온 Mg^{2+}, 칼슘 이온 Ca^{2+} 등이 변화하여 생긴 **마그네슘 화합물, 칼슘 화합물**이 유리나 타일 표면에 고체로 굳어져 붙은 거예요. 전기 포트에 붙은 하얀 고체, 관물때도 같은 물질이에요.

물때는 칼이나 면도날로 제거할 수 있지만 좀 더 편하고 쉬운 방법은 없을까요?

물때의 정체는 마그네슘 화합물이나 칼슘 화합물

◉ 물때는 산으로 제거

물때를 제거하려면 이런 금속 화합물을 녹여줄 필요가 있어요. 이때는 산이

효과적이에요. 가정에서 쉽게 찾을 수 있는 산은 식초에 들어있는 초산이나

레몬즙 등이 있어요. 하지만 가장 효과적인 것은 킬레이트 작용(1.4.2 참조)이

있는 구연산이에요. 구연산은 마트에서 판매해요.

　3% 정도의 구연산 수용액을 분무기에 넣어 거울에 뿌리거나 구연산수에

적신 키친타월을 거울에 붙여두고 1시간 정도 기다린 후, 스펀지에 물을 적셔

닦아 주세요. 만일 아직 물때가 남아 있다면 치약으로 닦으면 제거돼요.

3.2.2　플라스틱, 인공 대리석의 물때

물을 자주 사용하는 주변의 가구, 도구 등에는 멜라민 수지 등의 플라스틱이

나 인공 대리석 등을 이용한 것이 있어요. 이런 곳의 물때는 어떻게 제거하면

좋을까요?

◎ 다양한 종류의 플라스틱

멜라민 수지는 플라스틱 중에서도 단단하고 광택이 있어요. 약산과 약염기에 잘 견디기 때문에 **구연산수**로 처리하면 좋아요.

하지만 플라스틱은 종류가 다양해서 그중에는 산, 염기, 알코올에 약한 것도 있어요. 제품에 붙어 있는 품질 표시나 취급 표시에 따라 처리하지 않으면 광택이 없어질 수 있으니 주의해 주세요.

취급 방법

얼룩이나 때가 묻었다면 잘 닦아 낸 후, 물을 적신 천에 중성 세제를
조금 묻혀서 닦고, 마무리로 마른 타월로 물기를 닦아 주세요.

사용상 주의

● 본체 맨 밑바닥·고정 선반 부분에는 반드시 물 받침대를 두세요.
● 본체에 화장품 등이 묻었을 때는 바로 깨끗이 닦아 주세요.
변색·파손의 원인이 됩니다.

플라스틱은 취급 표시에 따라 처리한다.

◎ 천연 대리석은 산에 녹으므로 주의!

대리석에도 여러 종류가 있어요. 한마디로 대리석이라고 해도 세면대, 주방, 욕실, 욕조 등에 사용되는 것은 천연, 인공, 인조와 같이 3종류가 있어요.

천연 대리석은 화학적으로 말하면 탄산칼슘이며 조개껍데기와 같은 거예요. 인공 대리석은 대리석과는 관계가 없는 플라스틱으로 만든 모조품이에요. 인조 대리석은 천연 대리석의 작은 조각을 플라스틱으로 굳힌 것으로 대리석과 플라스틱의 비율은 제품에 따라 천차만별이에요.

대리석에는 천연, 인공, 인조와 같은 3종류가 있으며 각각 전혀 다른 물질이다.

인공 대리석을 다루는 법은 플라스틱과 같아요. 앞에서 설명한 멜라민 수지와 같은 방법으로 다루어 주세요.

천연 대리석은 산에 녹아요. 구연산, 특히 화장실용 산성 세제 등을 사용해서는 안 돼요. 기본적으로 **중성 세제**로 처리하는 것이 좋아요.

그래도 물때가 제거되지 않을 때는 전문 업자와 상담해주세요. 연마를 다시 하면 처음 구매했을 때와 같은 광택을 되찾을 수 있어요. 물론 비용은 많이 들어요.

3.2.3 스테인리스의 녹은 산성 세제로

스테인리스는 녹이 슬지 않을 것 같지만 실제로는 녹이 생기기도 해요. 대부분의 스테인리스 녹은 다른 금속 물질의 녹이 부착되어 생겨요.

가령 스테인리스 싱크대에 일반 철제품을 올려놓았는데 그곳에 소금물 등이 묻었거나 캔 따개나 부엌칼을 오랫동안 두었을 때도 녹이 생겨요. 스테인리스에 **국부 전지**local cell라 불리는 방전 현상이 일어나 스테인리스가 부식되어 녹이 생기는 거예요.

스테인리스는 국부 전지라 불리는 방전 현상에 의해서 부식할 우려가 있다.

녹을 제거하려면 전용 세제를 이용하는 것이 제일 간단해요. 하지만 가정에 흔히 있는 세제를 이용할 때는 산성 세제가 좋아요. **화장실용 산성 세제, 식초의 2~3배 희석액 혹은 1% 정도의 구연산수**를 뿌리고 스펀지로 닦으면 제거될 거예요. 클렌저(연마제가 들어있는 세제)를 사용하면 상처가 날 수 있어요.

만일 위와 같은 방법으로도 제거되지 않는다면 녹 위에 키친타월을 깔고 위에서 말한 세제를 그곳에 충분히 뿌려 주세요. 얼마 동안 놔둔 다음에 스펀지로 닦아 내고 물로 씻어내 주세요.

3-3   싱크대 배수구의 오염

싱크대 배수구에는 점액 성분의 오염 물질이 생기거나 심하면 배수구가 막히기도 해요.

3.3.1   싱크대 배수구에 생기는 점액 성분의 오염 물질은 전용 세제·탄산수소 나트륨으로 제거하고, 알루미늄 포일로 방지

싱크대의 배수구에 생기는 점액 성분의 오염 물질은 **전용 세제**를 이용하여 간단하게 제거해주세요.

그 외 **탄산수소 나트륨**을 이용하는 방법도 있어요. 오염된 점액 성분 부분에 탄산수소 나트륨 분말을 뿌려두고 잠시 둔 다음 씻어내기만 하면 돼요. 탄산수소 나트륨에 **식초**를 조금 떨어뜨리면 발생하는 거품이 오염물을 띄워주기 때문에 더욱 효과적이에요.

또 염소계 표백제로 씻는 것도 좋아요. 하지만 **염소계 표백제와 산성 세제는 절대로 섞으면 안 돼요.** 맹독성 염소 가스가 발생해요.

염소계 표백제와 산성 세제를 섞으면
맹독성 염소 가스가 발생한다.

알루미늄 이온은 점액 성분의 오염 물질 발생을 억제한다.

점액 성분의 오염물을 생기지 않게 하는 간단한 방법은, 예를 들어 싱크대 배수구 철망에 미리 알루미늄 포일을 둥글게 말아서 두는 거예요. 알루미늄에서 나오는 알루미늄 이온 Al^{3+}이 살균을 해줘요.

3.3.2 배수구의 오염, 막힘

탄산수소 나트륨수(베이킹 소다수)가 효과적이라고 알려져 있지만, 오염이 심할 때는 이것만으로는 부족해요. 이럴 때는 **전용 세제**가 가장 효과적이에요.

특히 오염 물질로 꽉 막힐 정도의 배수구를 뚫기 위해서는 전문 업자에게 맡겨야 하지만, 그 정도가 아니라면 전용 **파이프 세정액**으로 오염 물질을 녹여주면 좋아요.

단, 이 세제는 강 염기성으로 위험해요. 단백질을 녹이는 효과가 있다고 선전할 정도니까 피부에 묻거나 눈에 들어가면 큰 사고로 이어질 수 있어요. 취급 설명서를 잘 읽고 신중하게 작업해야 해요.

3-4 식기 세척

식기는 사용 후 바로 설거지해주세요. 대부분은 **주방 세제**를 사용하면 잘 닦이지만 약간의 요령이 있으면 좋겠지요.

3.4.1 유리, 도기류의 세척

유리나 도자기류는 **세제와 스펀지**로 닦으면 충분해요. 하지만 금이나 알루미늄 등의 금속 장식이 있는 그릇을 연마제가 들어 있는 세제로 문질러 닦으면 금속이 떨어질 수 있으므로 주의해야 해요.

3.4.2 옻칠기 세척

칠기는 고급품일수록 상처가 나기 쉬워요. 때가 타지 않도록 사용 후에는 바로 **중성 세제와 따뜻한 물**, **부드러운 스펀지**로 조심스럽게 씻어 주세요. 이후에 마른행주로 닦아서 그늘에서 말려 주세요.

3.4.3 유리의 뿌연 얼룩

유리컵 등의 유리 식기의 안쪽은 뿌옇게 흐려져 투명도가 떨어질 수 있어요. 이 얼룩은 물에 녹아 있는 금속 이온에 의한 것으로, 대처 방법은 앞에서 살

금속 이온에 의해서 뿌옇게 흐려진 컵은 산으로 녹인다.

펴본 거울의 물때(84쪽)와 같아요.

컵을 **구연산수**에 담가둔 후 **치약**으로 닦으면 반짝반짝해져요.

3.4.4 부엌칼의 녹과 얼룩

부엌칼은 보통 **중성 세제**로 닦지만 더러움이 심할 때는 연마제가 들어 있는 세제로 닦아 주세요. 방법은 주방 행주를 둘로 접어서 끝에서부터 말아 막대 모양으로 만든 다음, 행주 끝에 세제를 묻혀 닦으면 효과적이에요. 무 조각에 세제를 묻혀서 칼에 문지르는 방법도 있어요.

그래도 잘 닦이지 않을 때는 **탄산수소 나트륨**을 이용해주세요. 부엌칼에 탄산수소 나트륨을 뿌리고 랩을 뭉쳐서 문질러도 좋아요.

가장 좋은 방법은 **숫돌** 등에 가는 거예요. 깨끗해지면서 칼날도 잘 들게 돼요. 숫돌 대신 가는 **사포**(2000번 정도)로 가는 방법도 있어요. 최근에는 편리한 전동식 **연마기**도 판매되고 있어서 그것을 이용하면 좋겠지요.

부엌칼이 잘 들면 요리 맛도 좋아져요. 특히 회 등은 칼이 얼마나 잘 드냐에 따라 맛이 좌우된다고 해도 좋을 정도예요. 녹이 슬고 칼날이 무딘 부엌칼은 음식 재료의 세포를 으스러뜨려 세포액을 빠져나오게 해요. 결국 혀끝의

중성 세제나 탄산수소 나트륨으로도 잘 닦이지 않으면 숫돌을 사용한다.

잘 드는 부엌칼은 음식 재료의 세포를 파괴하지 않는다.

감촉과 맛도 나빠질 뿐만 아니라 보존성까지 나빠져요.

3.4.5 생선을 사용한 도마, 손 소독

생선의 비린내는 아민이라는 염기성 물질이 주된 원인이에요. 따라서 산성류를 사용하여 씻는 것이 좋아요. **산성류**는 **식초, 구연산, 감귤류** 등이 있어요. 생선을 손질한 도마는 **중성 세제**로 깨끗이 닦은 후에 식초를 뿌려둔 키친타월로 닦거나 식초 섞은 물을 뿌려두면 좋아요.

식초에는 살균 작용이 있어서 손 소독에도 효과적이에요.

화장실 오염

화장실에는 특유의 오염이 있어요. 요소, 암모니아, 아민 등 **염기성 오염**이에요. 따라서 화장실용 세제의 대부분은 염산 HCl 등이 함유된 산성이에요.

3.5.1 화장실 오염과 세제

화장실 특유의 주된 오염은 염기성 성분이지만, 화장실 전체로 보면 그렇게 단순하지 않아요. 화장실은 인체의 배설물로 더러워져요. 당연히 단백질이 섞여 있어요. 대변뿐만 아니라 소변도 마찬가지예요.

　단백질의 오염물은 염기성 물질이 분해해요. 그래서 염기성 세제, 즉 **탄산수소 나트륨**, **세스퀘 탄산 소다** 혹은 **탄산 소다** 등을 사용해요. 물론 염기성 오염물에 대해서는 산성 세제, 즉 **화장실용 세제**와 **구연산**이 효과적이에요.

대변	소변

배설물에 포함된 단백질은
염기성의 탄산수소 나트륨,
세스퀘 탄산 소다, 탄산 소다로
제거한다

요소	암모니아	아민

산성의 화장실용 세제나
구연산으로 제거한다

화장실 오염

변기의 누런 때, 요석

변기의 누런 때는 소변에 포함된 요소나 단백질 등의 유기물에 의해 생겨요. 요석은 거기에 인산 칼슘 등의 무기물이 더해진 거예요.

변기의 누런 때를 제거하려면 산성 세제인 **화장실용 세제**나 **구연산**을 이용하면 좋아요. 변기의 더러워진 부분에 화장지를 여러 번 접어 화장실용 세제나 구연산 수용액을 적셔 놓아두세요. 그대로 10분 정도 둔 다음 변기 물을 내려서 화장지를 흘려보내고 물로 씻어 주세요.

그래도 잘 닦이지 않을 때는 **탄산수소 나트륨**을 뿌리고 그곳에 **구연산수**를 뿌려요. 그러면 거품이 나올 텐데 10분 정도 그대로 두고, 오염물이 거품에 뜬 것을 확인하고 나서 물로 씻어 주세요.

요석으로 인한 오염은 우선 물리적, 기계적인 방법을 사용해요. 쉽게 말하면 솔이나 칼로 굳어진 고형물을 제거하는 거예요. 이때 너무 세게 문지르면 변기에 흠집이 날 수 있으므로 주의해주세요. 이후 위와 같은 요령에 따라서 탄산수소 나트륨과 구연산을 사용하면 깨끗해져요.

벽과 바닥에 소변이 튀었을 때

기본적으로는 일반적인 **중성 세제**로 닦아 주세요. 다음에 **1~2% 농도의 구연산수**를 뿌린 후 물로 닦으면 충분해요. 화장실 냄새 등도 이런 방법으로 없앨 수 있어요.

욕실 오염

욕실은 일반 가정에서 가장 많은 물을 사용하는 곳이에요. 물로 씻으면 얼룩이나 때, 오염물 등도 간단하게 씻어 내려갈 것 같지만 욕실에는 욕실 특유의 문제가 있어요.

3.6.1 욕조의 물때

욕조는 물론이고 욕실에서 사용하는 세면기 등에는 점액 성분의 오염물이 생기기 쉬워요. 비누 찌꺼기나 피지 등에 세균이 작용하여 생기는 거예요.

이를 간단하게 제거하는 방법은 **표백제**를 사용하는 거예요. 욕조에 따뜻한 물을 1/3 정도 채우고 표백제를 넣어 녹여 주세요. 그 안에 더러워진 대야나 바가지 등을 담가 하룻밤 그대로 두세요. 다음날 욕조의 물을 빼고 물로 씻으면 욕조는 물론 담가 두었던 대야 등의 미끄러운 오염물도 깨끗하게 제거돼요.

욕실에 따뜻한 물을 채워 표백제를 녹인 다음 더러워진 욕실용품을 담가 둔다.

배수구에 생기는 점액 성분의 오염물을 방지하기 위해서는 배수구 트랩 위에 10원짜리 동전이나 알루미늄 포일을 둥글게 말아서 두면 좋아요. 구리 이온, 알루미늄 이온이 세균의 활동을 억제해 줘요.

3.6.2 샤워기 막힘, 욕실 거울의 김 서림 방지는 구연산

샤워기의 구멍이 막히거나 욕실 거울에 김이 서리는 문제는 물에 함유된 금속 이온이 고형화되었기 때문이에요. 금속 화합물의 고형물을 녹이면 해결되는데 기본적으로 **구연산**을 이용하면 간단해요.

거울과 관련해서는 3.2.1을 참고해 주세요. 샤워기의 구멍이 막혔을 때는 구연산수에 샤워기 헤드를 하룻밤 담가 두고 다음 날 솔로 청소해주세요. 구멍에 낀 단단한 덩어리가 부드러워져서 솔로 간단하게 제거돼요.

구연산

샤워기의 구멍을 막히게 하는 금속 화합물은 구연산수로 녹인다.

3.6.3　벽, 바닥의 얼룩과 때

욕실 벽이나 바닥은 다음과 같은 두 종류의 복합적인 작용으로 더러워져요.

- 수돗물의 물때
- 인체의 노폐물

인체의 노폐물로 인해 더러워졌을 때는 **중성 세제**나 **염기성 세제**를 사용해 주세요. 찌든 때에는 세제에 **탄산수소 나트륨**을 섞으면 좋아요.

그래도 잘 닦이지 않을 때나 타일에 광택이 나지 않는다면 물때 때문이에요. 이때는 **구연산**을 사용해주세요. 구연산수를 뿌리고 잠시 놔둔 후, 스펀지로 닦아 내면 광택이 되살아나요.

3.6.4　염색약이 묻었을 때

욕실에서 머리 염색을 하면 염색약이 바닥과 벽에 튀어 얼룩이 생기기도 해요. 집에서 염색을 처음 하는 분이 자주 하는 실수예요.

◉　가벼운 얼룩

기본적으로 빨리 얼룩을 처리하는 일이 중요해요. 바로 **중성 세제**로 닦으면 지워져요. 특히 욕실 타일이나 매끈한 플라스틱 소재에 묻었다면 쉽게 지울 수 있어요. 만일 지우기 어려울 때는 **멜라닌 스펀지**를 이용하면 좋아요.

◉　심한 얼룩

그래도 얼룩이 잘 지워지지 않을 때는 좀 더 강력한 방법이 있어요. 하지만 벽이나 바닥을 변색시킬 수 있기 때문에 눈에 띄지 않는 곳에 먼저 시험해보고 사용하세요.

우선 매니큐어를 지우는 **제광액(아세톤)**을 화장지에 적셔서 벽에 붙인 다음 상태를 보고 닦아 내고 물로 씻어 주세요.

그래도 지워지지 않으면 **염소계(산화계) 표백제**를 사용해요. 얼룩 부분에 표백제를 적신 화장지를 붙여 두고 30분 후 물로 씻어 주세요.

3.6.5 타일 줄눈에 낀 곰팡이

욕실에 곰팡이는 생기기 마련이에요. 특히 타일 줄눈에 낀 검은 곰팡이는 불결하게 보일 뿐만 아니라 불쾌감을 줘요.

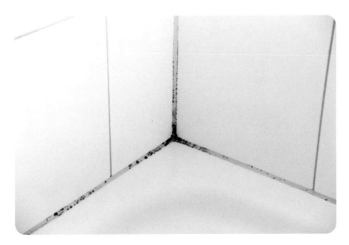

타일 줄눈에 생기기 쉬운 검은 곰팡이

◉ 곰팡이는 전용 곰팡이 제거제나 염소계 표백제

곰팡이 제거를 위해서는 전용 **곰팡이 제거제**를 사용해주세요. 대부분의 곰팡이 제거제의 주성분은 차아염소산 칼륨(차아염소산 나트륨)이며 염소계 표백제와 같아요. 따라서 곰팡이 제거제가 없을 때는 **염소계 표백제**로 대체할 수 있어요.

곰팡이를 제거하려면 시간이 걸려요. 곰팡이 제거제가 줄눈 내부의 곰팡이 '뿌리'까지 스며들어야 해요.

● 청소법

곰팡이 제거제가 흘러내리지 않고 곰팡이 부분에 머물러 있어야 제대로 곰팡이를 제거할 수 있어요. 특히 수직 벽에는 거품 타입의 세제가 효과적이에요. 곰팡이 제거제를 적신 키친타월을 벽에 붙여 두는 방법도 있어요. 그 위에 랩을 붙여두면 더 효과적이에요. 5~10분 정도 둔 다음 스펀지로 문질러 닦아 주세요.

수직 벽에는 거품 타입의 곰팡이 제거제가 효과적이다.

이때 주의할 점은 부드러운 줄눈을 너무 세게 문질러 닦지 않는 거예요. 줄눈에 상처가 나면 그곳에 또 곰팡이가 생겨요.

다시 말하지만 염소계 표백제(곰팡이 제거제 등)와 산(화장실용 세제나 구연산, 식초 등)을 섞으면 맹독성 염소 가스가 발생하므로 반드시 주의해주세요.

◉ 곰팡이 예방은 건조와 고온 샤워

곰팡이가 생기지 않게 하는 가장 좋은 방법은 욕실을 **건조하게 유지**하는 거예요. 그러기 위해서는 환풍기를 자주 켜두는 것이 간단하고 편리해요.

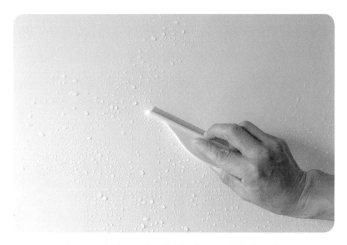

곰팡이를 예방하려면 욕실을 건조하게 유지한다.

그리고 때때로 45℃ 이상 고온의 샤워기로 욕실의 벽과 바닥, 천정을 씻어 주세요. 이렇게 하면 곰팡이가 활동을 못 하게 돼요. 또 수온이 높아져서 증발도 빨라져요. 하지만 화상을 입지 않도록 주의해주세요.

최근 불소계, 실리콘계 등 여러 가지 발수 코팅제가 판매되고 있어요. 욕실과 화장실의 오염 방지 및 곰팡이 제거에도 효과가 있다고 하니 이용해보는 것도 좋겠어요.

4

생활용품의
얼룩과 때

자동차와 자전거는 일상생활에서 자주 사용해요. 그만큼 먼지나 얼룩, 오염물이 달라붙기 쉬워요.

4.1.1 자동차 오염-외장

자동차가 더러워지면 세차를 해요. 그런데 샴푸 세차에 먼지 등은 씻겨 나가지만 찌든 때, 들러붙은 오염물은 제거하기 힘들어요. 이 점을 미리 알아두는 편이 좋아요.

샴푸 세차를 하면서 스펀지나 솔로 세게 문지르면 도장에 흠집을 낼 수 있어요. 오염물에 따라 자동차 전용 클리너를 사용해서 제거해야 해요.

너무 세게 문지르면 도장에 흠집을 낼 수 있으므로 주의한다.

○ 물때

차체의 물때는 물에 섞인 금속 이온에 의한 오염에 기름 및 먼지가 혼합되어 생겨요. 이것을 간단하게 제거하는 데에는 **신문지**가 좋아요. 신문지의 기름이 때를 떠오르게 하고, 그것을 신문지의 섬유가 걷어 내기 때문이에요. 신문지를 손바닥 크기로 접어 물에 적신 후 차체를 부드럽게 쓸듯이 닦아 줍니다. 유리 부분에 붙은 물때 자국도 마찬가지예요.

물때 제거에는 **구연산**이 효과적이지만 금속 부분에 묻으면 녹이 슬 우려가 있으므로 구연산이 들어 있는 물이 금속 부분에 닿지 않도록 주의해 주세요.

○ 들러붙은 오염

자동차 차체에는 다양한 오염물이 달라붙어요.

새똥·벌레 사체
세차용 물티슈로 닦아 낸다

철분 등의 분진
철분 제거용 샴푸나
점토로 제거한다

타르 피치
전용 클리너로 녹인다

브레이크 먼지
철분 제거제, 멀티 클리너, 휠 전용의
산성 클리너로 제거한다

차체에 들러붙은 오염물

● 타르 피치

차체 아랫부분에 깨처럼 작은 검은 알갱이가 많이 붙어 있을 때가 있어요. 이것은 공사를 끝낸 지 얼마 되지 않은 아스팔트 도로를 달렸을 때 아스팔트 입자가 튀어 올라 붙어서 생긴 것으로 **타르 피치**라고 해요.

억지로 긁어서 떼어내려고 하면 도장에 흠집이 생겨요. **전용 클리너**를 사용하여 제거해 주세요.

- **새똥·벌레 사체**

내버려 두면 얼룩과 부식의 원인이 돼요. 발견하면 바로 제거해 주세요. 제거하기가 어려울 때는 시중에서 판매하는 **세차용 물티슈**로 불린 후 닦아 내요.

- **철분 등의 분진**

도장 면이 까칠까칠할 때에는 철분이 붙어 있을 수 있어요. 철분은 내버려 두면 도장 안으로 파고 들어가 녹이 스는 원인이 돼요. 차량용 철분 제거 **샴푸**나 **점토**를 이용하여 처리하면 좋아요.

- **브레이크 먼지**

브레이크를 밟아서 생긴 분진이 차체나 휠에 붙기도 해요. 차체에 붙은 것은 물로 씻으면 제거되지만, 휠에는 고온으로 눌어붙은 것도 있어요.

이때는 차량용 **철분 제거제**나 **멀티 클리너**로 닦아 주세요. 그래도 제거되지 않을 때는 시중에서 판매하는 **휠 전용 산성 클리너**를 사용해 주세요.

4.1.2 자동차 오염-내장

자동차의 내장은 가죽, 목재, 금속, 플라스틱, 합성 섬유 등으로 이루어져 있어요. 기본적으로는 **중성 세제**로 닦으면 돼요.

만일 잘 제거되지 않을 때는 **탄산수소 나트륨**, **세스퀘 탄산 소다** 등을 이용하면 좋아요. 타월에 수용액을 적셔서 꼭 짠 다음 오염 물질을 닦아 주세요. 냄새를 제거하는 효과도 있어 좋아요.

자동차 내장의 오염은 중성 세제로 제거한다.

이후에 광택을 내고 싶을 때는 **차량용 광택 크림**이 다양하게 판매되고 있으므로 선택하여 사용하세요.

4.1.3 자전거 오염

자전거는 자동차만큼 점검이나 정비를 하지 않는 것 같아요. 빗물이나 먼지에 더러워졌다면 자주 청소해주면 좋겠죠.

◯ 차체의 오염

자전거 차체의 오염은 자동차의 방식을 따라 주세요. 꼼꼼하게 물로 씻은 후에 기름 오염은 **중성 세제** 혹은 **염기성 세제**로 제거해요. 물때는 금속 부분에 주의하여 **구연산**으로 처리하면 좋아요.

◉ 구동부의 기름때

페달이나 체인, 기어 부분에는 검고 끈적한 기름이 묻기 쉬워요. 등유를 이용하여 제거하는 방법도 있지만, 청소 후에 더러워진 등유는 처치가 곤란해요.

기어나 체인 등 구동부에는 기름때가 묻기 쉽다.

전용의 **부품별 세정제**를 사용하는 것도 좋지만 더 간단한 방법은 **중성 세제** 원액을 뿌리고 솔로 청소하는 거예요.

◉ 녹

휠이나 안장 받침 등 자전거에는 녹슬기 쉬운 부분이 있어요. 전용 **녹 제거제**를 사용해도 좋지만 더 간단한 방법도 있어요.

바로 **목공용 본드**를 이용하는 거예요. 녹슨 부분 전체에 하얀 목공용 본드를 두껍게 발라 주세요. 하루 정도 그대로 두고 목공용 본드가 말라서 투명해질 때까지 기다려요. 그리고 목공용 본드의 투명막 가장자리부터 떼어 주세요. 녹이 없어지고 깨끗해졌을 거예요. 이후에 **녹 방지 크림**을 발라 주면 완벽해요.

목공용 본드는 여러 곳의 오염 제거에 사용할 수 있어요. 자전거의 손잡이 부분을 앞서 언급한 요령으로 처리하면 새것처럼 깨끗해져요.

녹 제거에는 목공용 본드가 효과적이다.

4-2 패션, 소품

패션 잡화와 관련된 얼룩과 때에 대해서 살펴볼게요.

4.2.1 가죽 신발의 얼룩

신발이 더러워지면 금방 눈에 띄어요. 관리를 소홀히 하기 마련이지만 자주 손질하는 것이 좋겠지요. 천 신발은 중성 세제로 닦으면 깨끗해지고 비닐 소재도 중성 세제를 적신 천으로 닦으면 좋아요. 문제는 가죽 신발이에요.

● 가벼운 얼룩

가죽 신발은 솔로 먼지와 흙을 턴 다음, **중성 세제**를 녹인 물에 천을 적셔 꼭 짜서 얼룩이나 더러워진 부분을 닦아 주세요. 그리고 그늘에서 2~3일 정도

가죽 신발의 손질은 신중하게 해야 한다.

충분히 말려 주세요. 가죽 신발은 3컬레 정도를 번갈아 신는 것이 이상적이라고 해요.

그래도 잘 지워지지 않으면 스테인 리무버 stain remover 라는 상품명의 **얼룩 제거용 크림**으로 제거해 주면 좋아요. 이후에 **유화성 크림**을 넓게 발라 줘요. 하지만 너무 많이 바르면 신발에 부담을 줄 수 있으므로 남은 크림은 잘 닦아 주는 것이 중요해요.

마무리로 광택을 내는 **유성 왁스**를 발라 주는데, 유성 왁스는 신발 표면에 막을 만들어 흠집과 비를 막아주는 대신 통기성이

스테인 리무버(stain remover)

나빠져서 가죽을 상하게 해요. 따라서 전체를 바르지 말고 부분적으로 사용해주세요. 왁스를 천에 묻혀서 신발 앞쪽, 발뒤꿈치, 신발 밑창과의 이음매 부분에 발라요.

◉ 흰색 운동화의 얼룩

흰색 혹은 옅은 색의 운동화 얼룩은 깨끗한 **지우개**로 가볍게 문질러 주는 것도 좋은 방법이에요. 베이지색처럼 옅은 색 신발은 너무 세게 문지르면 색이 빠질 수 있으므로 주의해 주세요. 마무리로 **유성 크림**(밍크 오일이나 색깔별 크림)을 고르게 펴 발라 주세요. 남은 오일은 마른 천으로 잘 닦아야 해요.

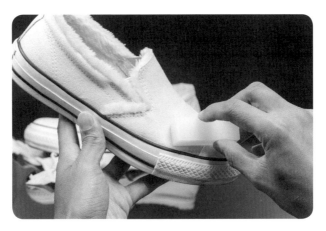

흰색 운동화에는 지우개가 효과적이다.

가방의 얼룩

가방은 다양한 소재로 만들어요. 소재에 맞게 손질하는 일이 중요해요.

⊙ 스무드 레더(표면을 광택 있게 마무리한 가죽)

액체를 쏟았을 때는 바로 닦아 내서 수분을 제거해 주세요. 스무드 레더의 얼룩 제거는 얼룩을 주위에 흡수시켜서 자연스럽게 지우는 것이 기본이에요. 이때 **스테인 리무버 등의 클리너**를 사용하면 효과적이에요. 하지만 가방 색에 영향을 줄 수 있으므로 가방 안쪽 부분 등에 시험해보고 사용하세요.

스무드 레더는 다음에 설명할 스웨이드와 다르게 얼룩이나 때가 가죽 안쪽까지 배지 않고 표면에 머물러 있는 경우가 많아요. 얼룩이나 때를 중심으로 클리너를 넓게 펴서 바르면 자연스럽게 지워져요.

클리너로 얼룩을 지운 다음 신발용 크림 등 **무색 크림**을 발라 가죽 표면의 상태를 정리해 주세요. 이렇게 하면 얼룩과 함께 작은 흠집도 없어져요.

⦿ 스웨이드, 누벅

이런 소재는 인공적으로 보풀을 일게 한 것으로 말하자면 무수히 흠집이 난 것과 같은 상태예요. 그래서 얼룩도 내부로 침투하기 쉬워요. 가죽용 크림 등은 발라도 흡수되어 버리기 때문에 효과가 없어요.

스웨이드의 표면은 인공적으로 보풀을 일게 한 것이다.

스웨이드(suede)나 누벅(nubuck)같은 소재에는 **지우개**나 **볼펜용 지우개**가 효과적이에요. 힘을 주지 않고 상태를 보면서 신중하게 문지르는 일이 중요해요. 너무 세게 문지르면 털이 짧아져 그만큼 소재감이 달라져요.

⦿ PVC(비닐계) 소재

천이나 비닐 가방의 얼룩은 **중성 세제**로 닦아요. 이때 천을 비비지 말고 얼룩진 부분을 가볍게 두드려 주세요.

비닐계의 매끄러운 소재의 얼룩은 **지우개**가 효과적이에요. 마치 연필의 선을 지우듯이 하면 깨끗하게 지워져요.

우산은 두 종류가 있어요. 비가 내릴 때 쓰는 우산과 햇빛을 가리려고 쓰는 양산이에요. 둘 다 형태는 같지만 발수 처리가 되어 있는지가 차이점이에요.

◉ 비의 pH

비는 구름에서 출발하여 대기 중을 통과해 온 물방울이에요. 도중에 대기 중의 먼지나 오염 물질을 흡수하는 동시에 이산화탄소 CO_2도 흡수해요. 이산화탄소는 물과 반응하면 다음 식과 같이 **탄산** H_2CO_3이라는 산이 돼요. 탄산은 탄산음료의 성분이에요.

$$CO_2 + H_2O \rightarrow H_2CO_3$$

따라서 지구상 어디에 내리든 비는 반드시 탄산이라는 산을 포함하고 있어요. 즉, 비는 산성이며, 산성도는 pH=5.4 정도예요. 현재 문제가 되는 산성비는 이보다 산성이 높은 비를 말해요.

◉ 우산의 얼룩과 녹 제거

우산은 이처럼 산성비에 노출되기 쉬워요. 우산에는 불소 화합물이 주성분인 발수제가 코팅되어 있어서 산성비에 영향을 덜 받지만, 우산살은 금속이어서 녹이 슬기 쉬워요.

● 우산의 천 얼룩

우산의 천 부분은 **중성 세제**로 씻으면 깨끗해져요. 중성 세제 용액을 적신 천을 꼭 짜서 우산의 천 안쪽과 바깥쪽을 닦아 주세요. 만일 잘 지워지지 않을 때는 우산 전체를 중성 세제 용액에 담가 씻어 주세요. 이렇게 하면 발수 효과는 떨어지므로 발수제를 새로 뿌려 주는 것이 좋아요.

우산은 천끼리 겹쳐진 이음매 부분이 잘 얼룩지고 더러워지는데 기본적으로 **중성 세제**와 솔로 가볍게 닦아 주세요. **지우개**로 문지르는 방법도 있는데 얼룩이 심하지 않을 때는 효과가 있지만, 얼룩이 심하면 효과가 별로 없어요.

중성 세제로 씻은 다음, 발수 스프레이로 발수 효과를 보완한다.

천끼리 겹쳐진 이음매 부분의 오염은 중성 세제나 지우개로 지운다.

● 우산살의 녹

대부분의 우산살은 철에 도장한 것이기 때문에 사용하다 보면 녹이 슬 수 있어요. 녹이 슬었다면 자전거(4.1.3)에서 살펴보았듯이 **목공용 본드**를 이용하는 것도 한 가지 방법이에요.

녹이 슬지 않게 하기 위해서는 금속 부분을 공기와 접촉하지 않도록, 때때로 **식용유**나 **기계유**를 적신 천으로 닦아 주면 좋아요.

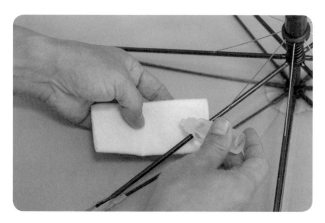

우산살을 녹슬지 않게 하려면 기름을 바른다.

● **양산의 얼룩**

양산이 얼룩지거나 더러워지면 우산과 같은 방법을 사용하거나 '2장 의류의 얼룩, 때'에서 살펴본 방법을 사용해요. 양산 중에는 레이스를 비롯하여 섬세한 소재를 이용한 것도 있으므로 **중성 세제**로 조심해서 씻어 주세요.

4.2.4 안경의 먼지, 오염물

매일 몇 시간이나 얼굴에 착용하는 안경은 먼지나 얼굴 피지 등 각종 오염물이 상당히 많이 묻어 있어요.

안경에 묻은 오염물은 기름 성분의 피지와 단백질이 주성분이므로 세제는 **중성 세제**를 사용하고, 오염이 심할 때는 **탄산수소 나트륨을 섞은 염기성 세제**를 사용해요.

기본적으로는 나사 부분을 시계용의 정밀 드라이버를 사용하여 분해한 후 스펀지나 솔을 이용하여 닦는 것이 좋아요.

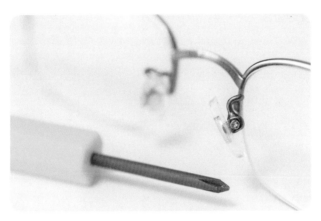

먼지, 피지 등의 오염물은 안경을 분해하여 중성 세제로 닦는다.

단, 렌즈에는 각종 코팅제가 코팅되어 있는데, 코팅제와 안경 렌즈의 플라스틱은 열팽창률이 달라요. 따라서 너무 뜨거운 물, 가령 목욕물 정도의 온도라도 양쪽의 팽창률이 달라서 코팅제가 벗겨질 수 있어요.

하지만 대부분의 안경원에서 안경을 초음파 세척기로 닦아 주는 서비스를 하고 있어요. 안경을 맞춘 안경원에 가지고 가면 거의 무료로 닦아 줘요.

은 제품의 변색

은 Ag은 황 S과 화합하면 **황화은** AgS이 되어 검게 변해요. 삶은 달걀 냄새와 비슷한 냄새가 나는 온천지에는 공기 중에 **황화 수소** H_2S가 섞여 있어요. 이런 곳에 은으로 만든 액세서리를 하고 가면 표면이 황화은 AgS으로 되어 검게 변색해요.

◉ 이온화 경향성

황화은을 제거하기 위해서는 물리적인 방법과 화학적인 방법이 있어요. 물리적으로는 **치약**으로 닦는 거예요. 하지만 치약을 사용하든 탄산수소 나트륨을 사용하든 반드시 표면에 상처를 입히게 돼요.

화학적인 방법은 간단해요. 고등학교 때 배운 **이온화 경향성**을 이용하는 거예요.

K > Ca > Na > Mg > Al > Zn > Fe > Ni > Sn > Pb > H > Cu > Hg > Ag > Pt > Au

이온화 경향성에 따르면 은 Ag보다 알루미늄 Al이 더 이온화되기 쉬워요. 은 이온 Ag^+과 알루미늄 금속 Al이 반응하면 은 이온은 금속 은 Ag이 되고, 알루미늄 금속 Al은 알루미늄 이온 Al^{3+}이 돼요.

◉ 황화은의 재생

표면이 황화은이 되어 검게 변했을 때 다음과 같은 방법을 사용하면 원래의 색으로 돌아가요.

적당한 크기의 냄비에 3% 정도의 소금물을 넣고 끓인 다음, 작게 자른 알루미늄 포일과 검게 변색된 은 제품을 넣어 주세요. 얼마 동안 계속 끓이면 은 제품이 하얗게 광택을 띨 거예요. 끓는 물에서 꺼낸 후 물로 한 번 씻어 주세요.

하지만 최근의 은 제품은 로듐 원소로 도금이 되어 있어서 검게 변할 걱정이 없다고 해요.

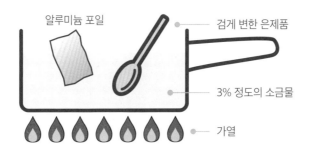

검게 변색된 은 제품을 재생하는 방법

4.2.6 액세서리

액세서리는 종류가 아주 많아요. 값비싼 보석도 그에 상응하는 관리를 해주지 않으면 그 가치가 소용이 없어져요.

● 보석류

진주는 보석이기는 하지만 실은 무기물인 탄산칼슘과 유기물인 단백질이 겹쳐지고 쌓여서 층을 이룬 것이에요. 간섭색에 의해 진주는 특유의 무지개색을 띠어요. 그래서 잘못 다루면 진주가 생명력을 잃게 돼요.

오팔은 물을 함유한 광물층이 여러 겹으로 쌓인 결과 오팔 특유의 간섭색이 나타나요. 너무 건조한 장소, 가령 히터나 가스레인지 근처에 놔두면 반짝임이 사라져 버려요.

많은 에메랄드는 높은 압력 아래에서 광물유를 함침(가스 상태나 액체로 된 물질을 물체 안에 침투하게 하여 그 물체의 특성을 사용 목적에 따라 개선함-옮김이 주) 처리하고 있어요. 이는 부정행위가 아니라 에메랄드에 인정되는 처리 방식이에요. 따라서 건조한 장소에 오래 내버려 두면 기름이 빠져서 투명감이 없어져요.

고가의 액세서리에 이물질이 묻었다면 스스로 닦아보려고 하지 말고, 구매한 보석점이나 다른 보석점에 맡기는 것이 좋아요.

진주는 탄산칼슘과 단백질이 층을 이룬 것이다.

오팔은 건조를 싫어한다.

광물유가 빠지면 에메랄드의 투명감은 없어진다.

⬤ 유리, 플라스틱류

유리나 플라스틱류는 **중성 세제**로 쉽게 닦여요. 만일 잘 지워지지 않는 오염
물은 스펀지나 칫솔 등으로 문질러서 닦아요. 그래도 잘 되지 않으면 피지에
먼지가 잔뜩 묻어 있을 수 있으니 세제의 염기도를 높이는 방법을 사용해요.
즉, 세제에 **탄산수소 나트륨**을 첨가하면 좋겠지요.

단, 플라스틱에는 여러 종류가 있고 게다가 액세서리에는 표면에 다양한
처리가 되어 있으므로, 반드시 눈에 띄지 않는 부분에 시험해보고 나서 본격
적인 처리를 해주세요.

4.2.7 화장용 스펀지, 솔

화장용품은 얼굴뿐만 아니라 마음도 밝게 하는 효과가 있는 것 같아요. 그런
데 화장할 때 사용하는 화장 도구는 의외로 더러울 때가 많아요.

⬤ 화장용 스펀지

화장용품을 덜어서 얼굴에 바를 때 사용하는 도구예요. 사용할 때마다 화장
품이 스펀지 구멍에 달라붙어 남게 되는데, 그것이 산화되거나 오래되거나
하면 피부에 손상을 줄 수 있어요. 가능하면 매번 새로운 스펀지를 사용하고,

화장용 스펀지와 솔

만약 어렵다면 깨끗이 씻어 여러 번 사용할 수 있는 품질이 좋은 스펀지를 선택하면 좋겠지요.

스펀지는 깨끗한 물에 헹구어 짜는 정도로 씻으면 돼요. 만일 스펀지가 꽤 더러울 때는 **중성 세제**나 **주방 세제**를 사용하면 되지만, 스펀지는 깨끗해져도 피부에 영향을 줄 수 있으므로 안심이 안 될 수도 있어요. 그런 경우 **스펀지 클리너**를 이용하는 방법도 있어요.

◉ 화장용 솔

기본적으로 화장용 솔(메이크 브러시)은 소모품이에요. 몇 번 씻어 낡으면 새것으로 교환해야 해요. 씻는 방법은 중성 세제를 이용하는 방법과 베이비 파우더 등을 이용하는 방법이 있어요.

● 중성 세제를 이용하는 방법

기본적인 방법이지만 깨끗이 씻어 재사용하려면 며칠이 걸려요. 먼저 미지근한 물에 1% 정도의 농도로 **중성 세제**를 녹인 후, 이 용액에 솔의 털 부분만 담가 살살 흔들어 헹구어 주세요.

이때 솔의 손잡이 부분은 절대로 용액에 넣지 마세요. 만약 넣으면 털을 묶는 부분이 손상되어 솔을 사용할 수 없게 돼요. 오염물이 제거되면 따뜻한 물에 충분히 헹구어 세제가 남아 있지 않게 해주세요.

중성 세제
(농도는 1% 정도)

손잡이는 용액에 담그지 않는다

살살 흔들어 씻는다

미지근한 물

화장용 솔 씻는 방법

타월로 수분을 완전히 제거한 다음 솔을 옆으로 뉘어 말려 주세요. 화장용 솔은 가는 털이 묶여 있으므로 건조하는 데 시간이 걸려요. 3일 정도 걸린다고 생각해 주세요. 덜 마른 상태에서 사용하면 솔이 손상돼요. 그렇다고 햇볕에 말리거나 드라이어로 건조하면 절대 안 돼요.

● 베이비 파우더를 이용하는 방법

간단한 청소법을 알려드릴게요. **베이비 파우더**뿐만 아니라 **페이스 파우더, 옥수수 녹말** 등도 이용할 수 있어요. 이 중 하나를 비닐봉지에 넣고 솔의 손잡이만 남기고 털 부분을 넣어 봉지 입구를 막아요.

봉지 안에서 털을 살살 흔들어서 가루가 털에 잘 묻게 해주세요. 다음에 솔의 손잡이를 가볍게 두드려 파우더를 털어줘요. 이렇게 몇 번 반복하여 파우더에 색이 묻어나지 않으면 빗으로 털을 빗어 마무리해요.

4-3 가전제품

가전제품에는 많은 종류가 있어요. 종류에 따라 더러움을 타는 곳도 달라요. 단순히 외장이 더러워지거나 텔레비전처럼 모니터가 더러워지거나 컴퓨터의 키보드가 더러워지는 등 다양해요.

4.3.1 외장 얼룩

대부분의 가전제품의 외장은 ABS 수지 등으로 되어 있어요. 견고해서 청소할 때 특별히 신경을 쓰지 않아도 될 정도예요.

더러움이 심하지 않을 때는 마른 타월로 닦아만 주어도 깨끗해져요. 만일 잘 닦이지 않을 때는 물이나 **중성 세제**를 적신 타월로 닦아 주세요. 하지만 물이 많은 타월은 곤란해요. 물이 전기 부품으로 흘러 들어가 고장을 일으킬 위험이 있으니 꼭 짜는 것이 중요해요.

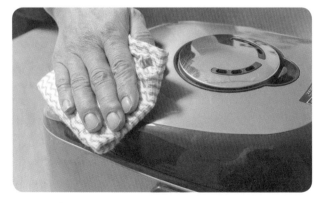

전기 부품으로 물이 흘러 들어가지 않도록 꼭 짠다.

알코올은 사용해도 괜찮은 경우와 그렇지 않은 경우가 있어요. 가전제품의 취급 설명서를 잘 읽고 따라 주세요.

4.3.2 정전기에 의한 먼지 흡착

가전제품 중에서도 액정 텔레비전과 컴퓨터, 스마트폰 등의 모니터 화면에 특히 먼지가 잘 달라붙어요. 정전기가 먼지를 빨아들이기 때문이에요. 이럴 때는 어떻게 청소하면 좋을까요?

액정 화면은 민감해요. 반사 방지제 등의 얇은 막이 도포되어 있어요. 화장지나 손수건으로 싹싹 문지르면 안 돼요.

기본적으로 **부드러운 솔**이나 **붓**으로 살살 먼지를 털어 주세요. 그래도 잘 안 닦이면 **전용 청소포**나 **안경 닦는 천** 등으로 살살 닦아 주세요. 더러움이 심할 때는 천에 물을 적신 다음 꼭 짜서 닦아 주세요. 하지만 물이 화면 사이에 들어가면 고장의 원인이 돼요.

오래된 찌든 때에는 **전용 세제** 혹은 **중성 세제**를 사용해요. 1% 정도의 세제액에 천을 담가 꼭 짠 다음 닦아요. 마무리는 깨끗한 물에 잘 헹군 천으로 닦아서 세제를 제거해 주세요.

4.3.3 스마트폰의 얼룩

스마트폰은 손가락으로 조작도 하고 입을 가까이 대고 통화도 해요. 스마트폰의 액정 화면에는 지문의 기름때, 입에서 나온 침, 얼굴의 피지 등 다양한 얼룩과 오염물이 묻어 있어요.

방수성 스마트폰이라면 **물**로 닦거나 **중성 세제**로 닦을 수 있어요. 하지만 방수 기능이 없는 스마트폰은 전용 세제를 이용하여 닦아 주세요.

◉ 클리닝 크로스

가장 기본적인 방법은 전용 클리닝 크로스를 사용하는 거예요. 흔히 화장지나 타월을 많이 사용하는데 피지 등은 잘 닦이지 않아요. 클리닝 크로스는 안경을 닦을 때도 사용하며 먼지나 얼룩을 섬세한 섬유로 감싸듯이 하여 제거해 줘요.

클리닝 크로스를 이용하여 피지 등을 제거한다.

◉ 물티슈

스마트폰 전용의 물티슈도 있어요. 화면을 적셔 먼지나 오염물이 떠오르게 해요. 그래서 피지 등을 충분히 제거할 수 있어요. 일회용이므로 전에 닦았던 오염물이 다시 붙지 않아 위생적이에요.

● 클리닝 리퀴드

클리닝 리퀴드라는 세정액도 있어요. 화장지나 손수건에 적셔서 사용해요.

● 롤러 클리너

점착성의 롤러를 스마트폰의 화면 위에 굴려서 먼지나 얼룩을 제거해요. 일회용이 아니라 씻어서 여러 번 사용할 수 있어서 경제적이에요. 하지만 물로 씻기보다 청테이프 위에 굴려서 먼지를 옮기는 편이 점착력을 회복하는 데 더욱 효과적이라고 해요. 만일 청테이프로 효과가 없으면 멜라닌 스펀지에 물을 묻혀 닦거나 먼지가 나지 않는 종이, 킴와이프스KimWipes 등으로 닦아 내면 점착력이 상당히 좋아져요.

롤러 클리너(왼쪽)와 킴와이프스(KimWipes, 오른쪽)

4.3.4 컴퓨터 등의 키보드의 먼지

키보드는 키 자체에도 먼지, 얼룩 등이 묻지만, 키 틈새에도 먼지 등이 끼어 더러워요. 키보드를 제대로 청소하려면 분해해야 하지만 꽤 힘든 일이에요.

여기서는 분해하지 않고 깨끗이 청소하는 방법을 살펴볼게요.

◉ 롤러 클리너

앞서 살펴본 스마트폰의 청소 방법과 같아요. 롤러 클리너를 키보드 위에 굴리면서 키 표면의 먼지나 얼룩 등을 제거해 주세요.

◉ 사이버 클린

오염물을 없애 주는 아이템으로 점토처럼 생겼어요. 사이버 클린을 키보드 위에 놓고 꾹 누르면 키 틈새에 파고 들어가 오염물이 달라붙어요.

사이버 클린은 키보드 청소 외에 카메라 본체, 스피커, 텔레비전, 컴퓨터의 팬, 케이블 단자, 프린트 등 다양하게 사용할 수 있어요.

사이버 클린

◉ 무수 에탄올

무수 에탄올이란 에탄올 CH_3CH_2OH 그 자체를 말해요. 일반 에탄올에는 물이 몇 % 정도 불순물로 함유되어 있는데, 이 물을 제거한 것을 무수 에탄올이라고 해요. 수분을 함유하지 않아서 휘발하여 마르기 쉬운 장점이 있어요.

$$\begin{array}{ccc} & \overset{\displaystyle |}{\text{H}} & \overset{\displaystyle |}{\text{H}} \\ \text{H} - \text{C} - \text{C} - \text{O} - \text{H} \\ & \overset{\displaystyle |}{\text{H}} & \overset{\displaystyle |}{\text{H}} \end{array}$$

에탄올

화장지에 묻혀서 닦기만 하면 피지, 담뱃진, 음식물 등 오염물 대부분을 닦아 낼 수 있어요. 옷의 얼룩을 제거하는 데에도 효과적이에요.

약국에서 쉽게 살 수 있으므로 한 병 정도 사두면 편리해요. 단, 가연성이므로 사용할 때는 화기에 주의해 주세요.

무수 에탄올은 수분을 함유하지 않아 잘 마른다.

취미·악기·미술

취미와 관련한 용품들은 조심해서 다루어야 할 것들이 많아요. 손질에 자신이 없는 분은 전문가에게 부탁하는 편이 좋아요.

4.4.1 카메라의 먼지와 얼룩

카메라의 먼지, 얼룩 등의 제거와 관리는 본체 외부와 내부, 렌즈와 같이 세부분으로 나누어 생각할 수 있어요. 어느 부분이나 카메라 전용 청소 도구가 판매되고 있으므로 구매하여 설명서대로 하는 것이 가장 확실해요.

◉ 본체 외부

우선 **전용 솔**로 조심하여 먼지를 털어주세요. 렌즈 주위, 파인더 주위는 먼지가 쌓이기 쉬우므로 특히 꼼꼼하게 해야 해요. 다음에 **렌즈용 공기 송풍기**로 미

렌즈용 공기 송풍기를 세게 쥐면 노즐 끝에서 공기가 분출하여 먼지를 날려 보낸다.

세한 곳의 먼지를 날려 보내 주세요. 이렇게 하면 대부분의 먼지는 제거돼요.

음식물을 흘렸거나 더러운 손으로 만져서 얼룩이 묻었을 때는 적당한 **천에 물을 적신 다음 꼭 짜서** 닦아 주세요. 그래도 안 되면 **중성 세제**를 사용해요.

◉ 본체 내부

민감한 곳이므로 렌즈용 공기 송풍기 이외는 사용하지 않는 것이 좋아요. 조심해야 할 점은 렌즈 부분을 아래를 향하게 하고 청소하는 거예요. 그렇지 않으면 날리던 먼지가 다시 제자리로 돌아가요.

◉ 렌즈의 얼룩

전용 솔, 렌즈용 공기 송풍기로 주의하여 먼지를 털어내 주세요. 보통 때는 이렇게만 해도 충분해요. 하지만 심한 얼룩은 **전용 천에 전용 클리너**를 묻혀서 조심해서 렌즈 중심에서 바깥쪽으로 소용돌이를 그리듯이 닦아 주세요. 마무리는 **전용 종이**로 클리너를 닦아 주세요.

그래도 잘 닦이지 않을 때는 제조 회사에 맡겨야 해요.

렌즈에 묻은 심한 얼룩은 전용 천에 전용 클리너를 묻혀서 닦는다.

악기의 얼룩

악기에는 건반악기, 현악기, 타악기 등 다양한 종류가 있어요. 저마다 특수하고 민감하므로 얼룩이 심하거나 상태가 좋지 않을 때는 전문가에게 맡겨야 해요. 여기서는 일반적인 청소법에 대해서 살펴볼게요.

◎ 피아노
피아노 관리는 외장과 건반에 따라 달라져요.

● 외장
피아노 표면의 먼지는 **피아노 전용 털이** 또는 **부드러운 천**으로 가볍게 닦아 주세요. 작은 모래 먼지라도 세게 닦으면 흠집이 생기므로 주의해야 해요.

표면에 묻은 먼지는
피아노 전용 털이나 부드러운 천으로
가볍게 닦는다

표면에 흠집이 생기지 않도록 가볍게 닦아낸다.

얼룩이나 오염물이 눈에 띌 때는 부드러운 천에 물을 적신 후 꼭 짜서 깨끗이 닦아 낸 후 마른 천으로 닦아 주세요. 세제나 외장 손질용 약품 혹은 화학 약품이 묻은 천은 도장면을 변질시켜 균열 등의 원인이 돼요. **각 메이커의 피아노 전용 클리너**를 사용해 주세요.

표면에 광택이 없어졌을 때는 **전용 왁스**를 묻힌 천으로 고르게 닦아 내면 원래대로 돌아가요. 단, 표면이 유광이냐 무광이냐에 따라서 손질제가 달라지므로 주의해 주세요.

● 건반

건반은 맨손으로 만지기 때문에 피지, 얼룩 등 다양한 오염물이 붙어 있어요. 흰 건반뿐만 아니라 검은 건반의 측면도 **부드러운 마른 천**으로 닦아 주세요.

건반이 피지로 얼룩졌으면 기본적으로는 마른 천으로 닦아 제거한다.

얼룩 등이 심할 때는 **건반 전용 클리너**를 사용해요. 목제 건반 표면에는 플라스틱이 부착되어 있어요. 키 클리너를 사용하면 잘 닦이며 살균 및 먼지 등을 방지하는 효과도 있어요.

하지만 상아 건반이나 인공 상아 건반(뉴 아이보리 등)은 키 클리너를 사용하지 않아도 마른걸레로 닦는 것으로 충분해요.

◉ 관악기

관악기는 외부에 피지 등이 묻어 더러워질 뿐만 아니라 숨을 불어 넣는 내부도 더러워져요. 관악기에는 금관과 목관이 있으며 각각 다르게 취급해야 해요.

참고로 금관 악기와 목관 악기의 차이는 악기의 재질이 아니에요. 입술을 진동시켜 음을 내는 것이 금관 악기에요. 따라서 도기로 만든 오카리나, 조개의 소라고둥 등도 금관 악기에 속해요. 반면에 리드(혀)를 사용하거나 관에 입김을 불어 넣어서 음을 내는 것은 목관 악기예요. 플룻(입김을 불어 넣음), 색소폰(리드) 등은 목관 악기가 돼요.

● 금관 악기

본격적인 청소는 분해하여 각 부분을 **물로 씻어야** 하지만, 먼저 악기마다 별도로 첨부된 취급 설명서를 잘 읽고 따라 주세요. 표면에 도장이 되어 있는 악기는 물에 오래 담그면 도장이 벗겨질 수 있으므로 주의해야 해요.

분해하여 청소하지 않을 때는 분리할 수 있는 부분을 풀어서 외부를 **전용 클리너**로 청소해요. 관 내부는 나무젓가락에 가제를 감아 클리너로 청소해요.

● 목관 악기

각 부위를 모두 분리한 다음, 바깥쪽에 묻은 얼룩 등은 **전용 클리너**로 닦아요. 내부를 청소하는 방법은 금관 악기와 같아요. 목관 악기는 특히 각 부위의 연결 부분 사이에 물기가 남아 있기 쉬우므로 잘 닦아 주어야 해요.

목제의 관에 만일 균열이 발견되면 곧바로 전문점에서 수리를 받아야 해요. 작은 균열이라면 충분히 수리할 수 있어요.

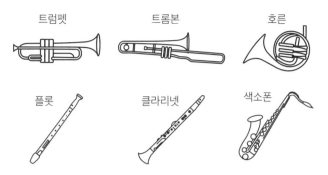

트럼펫   트롬본   호른

플롯   클라리넷   색소폰

관악기의 오염은 분해하여 전용 클리너로 닦는다.

⬤ 타악기

팀파니와 같은 북 종류의 외부는 **전용 천**으로 **전용 폴리시**를 묻혀 손질해요. 하지만 가죽 부분은 매우 민감해서 폴리시를 사용하면 안 돼요. 전용 천으로 닦아 주는 정도만 해주세요. 만일 커피를 쏟았다면 전문점에 맡겨 주세요.

심벌즈는 **전용 폴리시**를 바르고 몇 분 정도 둔 다음 물로 씻어 잘 닦아 건 조시켜 주세요.

4.4.3 그림, 골동품의 얼룩과 오염물

그림이나 골동품에 얼룩이 지거나 더러워지면 곤란해요. 얼룩과 오염물을 제거하는 과정에서 작품의 상태가 나빠지거나 가치가 떨어지는 일이 많기 때문이에요. 특히 골동품에 묻은 자연스러운 얼룩은 세월의 흔적으로 시대를 말해주는 근거가 되므로 오염물을 깨끗이 닦으면 오히려 가치가 떨어져요.

자신이 오래전에 그린 그림이 더러워졌다면 마른 천으로 닦거나 물을 묻혀 닦거나 중성 세제를 사용해보는 등 여러 방법으로 시험해보는 것도 괜찮 겠지요.

골동품 가게나 리사이클 상점에서 산 물건의 라벨을 벗기고 남은 흔적을 지우고 싶을 때는 본체의 재질에 따라 지우는 방법을 달리해야 해요. 유리나 도자기라면 적당한 리무버, 시너 혹은 매니큐어의 제광액으로 제거하면 좋아요.

하지만 플라스틱류, 나무 제품, 특히 옻칠기 제품은 주의해야 해요. 리무버의 취급 설명서를 잘 읽고 재질에 맞는 것을 선택해야 해요.

5

집 안과 밖의
더러움

5-1 집 안의 더러움

집은 침입자나 비, 바람 등의 자연재해로부터 막아주고 가족이 쾌적하게 생활할 수 있도록 보호해 주는 곳이에요. 하지만 가족 구성원은 분별력 있는 어른뿐만 아니라 장난이 심한 아이도 있고 반려동물도 있어요. 그래서 집은 온갖 것들로 더러워지기 쉬워요.

5.1.1 바닥의 얼룩

집에서 가장 더러워지기 쉽고 눈에 잘 띄는 곳은 대부분의 일상 생활을 보내는 집 안일 거예요. 집 안의 거실과 방은 바닥, 천장, 벽으로 되어 있고 그곳에는 여러 가구 등이 놓여 있어요.

바닥을 보면 일본식 방일 때는 다다미, 거실이나 주방은 목재나 비닐 등의 플라스틱 소재로 되어 있어요. 따라서 얼룩, 오염물을 제거하려면 소재에 따라 방법이 달라져요.

◉ 다다미

일본의 전통적 바닥 소재인 다다미는 꾸준한 관리가 필요해요. 매일 다다미 줄에 맞추어 **빗자루로 쓸거나 청소기로 청소**해야 해요. 누런 때를 벗길 때는 **구연산수**로 닦으면 효과적이에요.

다다미에 발자국이나 주방의 기름때가 묻었다면 **1% 정도로 희석한 가구용 세제**(약염기성)를 묻힌 걸레로 다다미 줄에 맞추어 닦으면 잘 지워져요.

주스나 간장 등의 액체를 흘렸을 때는 곧바로 걸레나 화장지로 빨아들여 주세요. 그 다음 다다미 위에 **소금**을 뿌리고 소금이 물을 흡수하고 나면 다 쓴 **칫솔**로 다다미 줄에 맞추어 문질러 주세요. 마무리로 청소기를 돌리고 물걸 레질과 마른 걸레질을 해요.

다다미는 줄에 맞추어 닦는다(쓸기, 청소기 돌리기).

● 목재

목재 바닥의 오염은 목재에 스며들기 때문에 제거하기가 쉽지 않아요. 멜라 닌 스펀지로 제거할 수 있지만 결국은 더러워진 부분을 긁어낼 뿐이에요.

따라서 물로 닦아보고 잘 안되면 **청소용 세제**로 처리해주세요. 만일 그래 도 잘 지워지지 않을 때는 **멜라닌 스펀지**를 사용해주세요. 마무리로 목랍이나 왁스를 바르면 좋지만 다른 부분과 너무 차이가 나도 곤란하므로, 눈에 띄지 않는 곳에서 시험해 보고 실행하는 것이 좋아요.

● 플라스틱

비닐계의 바닥재라면 가벼운 얼룩은 **물걸레질**, 심한 얼룩은 **청소용 세제**를 사 용하면 좋아요.

특정 얼룩

어린아이가 있는 집의 바닥이나 벽에는 크레용, 매직펜 등으로 낙서한 흔적이 있기 마련이에요.

◉ 크레용이나 초콜릿 얼룩

크레용이나 초콜릿 등의 유성 얼룩을 지울 때는 물과 **탄산수소 나트륨** 혹은 **청소용 세제**를 칫솔에 묻혀서 얼룩을 긁어낸 후, 천으로 두드리듯이 닦아 내 주세요. 마무리로 따뜻한 물걸레로 닦고 나서 마른걸레로 닦아 주세요.

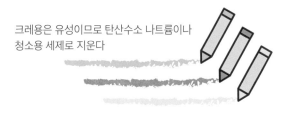

크레용은 유성이므로 탄산수소 나트륨이나
청소용 세제로 지운다

크레용 얼룩은 유성

◉ 유성 매직

유성 매직을 지우려면 매니큐어의 **제광액** 혹은 **시너**, **벤젠**을 천에 묻혀 문질러서 닦아 주세요. 제광액이나 시너 등은 소재를 상하게 할 수 있으므로 눈에 띄지 않는 부분에 먼저 확인해 보세요.

◉ 껌

껌을 제거하는 일은 간단하지 않아요. 그래서인지 생활의 지혜로 다양한 제거 방법이 소개되고 있어요.

　기본적으로 껌은 **시너**, **벤젠**, 매니큐어의 **제광액** 등의 유기 용매에 녹으며,

차갑게 하면 굳어서 떨어지기 쉬워져요. 제거할 때 이러한 성질을 이용하면 좋겠지요.

즉, 껌을 얼음이나 가능하면 드라이아이스로 차갑게 한 다음 납작한 주걱 등으로 긁어서 제거해요.

그래도 조금 남아 있으면 화장지에 유기 용매를 묻혀서 두드리듯이 녹여 내 주세요.

껌은 굳혀서 제거한다.

5.1.3 정전기로 인한 벽면 변색

이사 등으로 텔레비전이나 냉장고 등의 가전제품을 옮겨 보면, 물건이 있던 자리의 뒤 벽면이 검게 변해 있어서 놀랄 때가 있어요. 이런 변색은 왜 생기는 걸까요?

● 지우는 법

이것은 가전 제품의 **정전기에 의해** 붙은 거예요. 청소 전문가도 제거하기는 어렵다고 해요. 만일 물을 사용하면 얼룩이 더 스며들어 감당하기가 어려워져요.

우선 **청소기**를 사용해 보세요. 청소기 끝에 부속품인 '솔 브러시'를 끼우고 부드럽고 깨끗한 타월(걸레용이 아닌 것이 좋다)을 씌워 벽지에 흠집이 가지 않도록 주의하면서 빨아들여 주세요. 면적이 작으면 **지우개**로 가볍게 지워도 좋아요.

마른 상태에서 청소해도 잘 지워지지 않을 때는 물을 사용해요. 우선 **중성세제**를 희석한 물에 타월을 적셔 꼭 짠 다음, 변색된 부분을 가볍게 두드리면서 타월에 때가 옮겨 묻어나오도록 닦아 주세요. 세게 문지르면 얼룩이 주위로 번져 더 더러워질 수 있어요.

◉ 예방법

정전기로 인한 벽면 변색은 예방이 중요해요. 가전제품과 벽 사이를 떨어뜨리거나 가전제품과 벽 사이에 종이나 커튼을 두거나 벽에 미리 종이나 다른 벽지를 붙여 두는 방법 등이 있어요.

텔레비전과 벽 사이에 커튼 등을 치면 정전기로 인한 변색을 예방할 수 있다.

양이온 타입의 계면 활성제(역성 비누), 즉 세탁에 사용하는 **유연제**를 분무기로 뿌려 두는 방법도 효과가 있다고 해요.

5.1.4   일상 생활용품의 얼룩·유리 테이블

일상 생활용품이 더러워졌을 때는 기본적으로 **마른 타월**로 닦아 주세요. 만일 그래도 잘 안되면 **중성 세제**를 적셔 꼭 짠 타월로 닦아 주세요. 크레용, 매직, 스티커 얼룩 등은 5.1.2를 참고하시기 바랍니다.

유리 테이블에 물때가 묻었다면 3.2.1에서 살펴본 대로 **구연산**으로 닦아 주세요.

5.1.5   카펫의 얼룩

카펫에는 각종 먼지를 비롯하여 다양한 오염물이 붙기 마련이에요. 오염물의 종류와 카펫의 소재에 따라 제거 방법도 달라져요.

실크처럼 섬세한 소재의 카펫에는 강한 세제를 사용하면 안 돼요. 세제를 사용하더라도 중성 세제 정도로 하고 더러움이 심할 때는 전문 업체에 맡기는 편이 좋아요.

● 수용성 얼룩

주스, 간장 등을 엎질렀을 때는 우선 걸레나 화장지로 빨아들여 주세요. 다음에 **주방용 세제**를 물에 희석해서 뿌리고, 걸레로 얼룩 주위부터 중앙을 향하여 두드리듯이 하여 닦아 주세요.

이후에 물걸레로 세제를 닦아 낸 후, 다시 물기를 꼭 짠 걸레로 닦아요. 만일 얼룩 범위가 넓어 카펫에 물기가 많이 남았다면 카펫 위에 타월을 깔고 그 위에 청소기로 빨아들여 주면 쉽고 간단해요.

물기가 남아 있을 때는 타월을 깔고 청소기로 빨아들인다.

● 유성 얼룩

버터, 마요네즈, 유성 잉크와 같은 유성 얼룩은 **벤젠**으로 쉽게 지울 수 있어요. 단, 카펫의 색이 바래질 염려가 있으므로 눈에 잘 띄지 않는 부분에 먼저 시험을 해보세요.

이후는 수용성 얼룩을 지울 때와 마찬가지로 **청소용 세제**를 사용해요.

버터나 마요네즈 같은 유성 얼룩은 벤젠으로 지운다.

먼지나 얼룩을 비롯한 각종 오염물은 제거도 중요하지만, 생기지 않도록 미리 예방하는 일도 중요해요. 앞에서 살펴본 '정전기에 의한 먼지 흡착 방지책'도 그러한 노력 중 하나예요.

5.2.1 방수

카펫은 **발수 스프레이**를 뿌려두기만 해도 수용성 오염물이 표면에 달라붙는 것을 상당히 예방할 수 있어요.

하지만 발수 스프레이는 자극이 강하기 때문에 작은 카펫은 베란다나 마당에서 뿌리는 것이 좋아요. 실내에서 뿌릴 때는 마스크, 안경, 가능하면 고글을 쓰고 창문을 열어 주세요. 또한 화기가 있는 곳에서의 사용은 반드시 피해 주세요.

처음에는 꼼꼼하게 뿌려 준 다음 마르기를 기다려서 다시 뿌려 주세요. 적어도 두 번 내지는 세 번 정도 뿌려 주면 좋아요.

원목 마루에는 **왁스**를 칠해 주세요.

5.2.2 곰팡이 방지

곰팡이는 한번 생기면 뿌리를 뽑기가 어려워요. 그전에 방지하는 것이 최선이에요. 곰팡이를 방지하는 **곰팡이 방지 스프레이**를 이용하는 것도 좋아요.

곰팡이를 방지하는 기본은 습기를 차단하는 거예요. 붙박이장, 장식장 등에 **건조제, 제습제, 제습 시트** 등을 두어 습기를 제거하는 일이 중요해요. 또 가끔 장 안에 있는 물건들을 꺼내어 통풍을 시켜 주세요.

5.2.3 벽지 보호

벽지는 손으로 만지거나 어린아이가 낙서하여 더러워지거나 반려동물이 있는 집이라면 긁고 할퀴어 손상되는 일도 많아요. 새로 벽을 칠하거나 아니면 새 벽지를 바를 때는 이러한 얼룩과 손상에 강한 제품을 이용하면 좋을 거예요.

하지만 현재 상태를 그대로 두고 보완하고 싶다면 다음과 같은 방법을 추천해요.

시중에 판매되는 **벽지 보호 시트**를 이용하는 거예요. 투명한 시트이며 크

고양이가 발톱으로 할퀸 벽지. 이렇게 되기 전에 벽지 보호 시트를 이용하면 좋다.

레용, 매직 등의 낙서도 쉽게 지울 수 있어요. 고양이나 개의 발톱에도 잘 견뎌요.

약점착성 시트여서 필요에 따라 쉽게 붙였다가 뗄 수 있어요. 전셋집이나 원룸에 살 때도 편리하겠지요. 이사할 때는 떼고 새집에 이사해서는 다시 붙일 수 있어요.

어린아이가 있는 가정에서는 벽뿐만 아니라 붙박이장, 가전 등 낙서를 할 만한 곳에 붙여 두면 좋아요.

5-3 집 외장의 더러움

집은 자연재해와 침입자로부터 가족을 지키고 쾌적한 생활을 할 수 있도록 보호하는 장소예요. 눈에 잘 보이지 않게 더러워지고 은근히 수리해야 할 곳도 생겨요. 그런데 집의 외장이 더러워졌다면 어떻게 하면 좋을까요? 구체적인 사례를 들어 살펴볼게요.

5.3.1 외벽을 감싼 담쟁이넝쿨

일본의 고시엔 야구장은 담쟁이넝쿨로 유명한데요. 더러 집 건물 외벽에 아이비 등의 담쟁이넝쿨을 키우는 집이 있어요. 보기에는 고풍스럽고 아름답지만, 그 집에 사는 사람은 의외로 어려움을 겪고 있을지 몰라요.

　일본 고시엔 야구장의 외벽에는 뱀이 많다고 알려져 있어요. 당연히 해충

외벽을 덮은 아이비

도 많겠죠? 습기도 상당할 것이고 벽의 강도에도 분명 좋지 않을 거예요.

◉ 담쟁이넝쿨 제거

담쟁이를 제거하는 일은 간단해요. 뿌리부터 자르고 줄기와 덩굴은 적당히 잘라 **힘껏 떼어내면 돼요.** 얇은 가지는 남겨두어도 얼마 되지 않아 말라 버리므로 이후에 하나씩 치워 주세요.

높은 곳에서 작업해야 하므로 조심해 주세요.

담쟁이는 생명력이 강하여 가지를 잘라도 뿌리에서 다시 번식해요. 뿌리를 파내거나 제초제를 사용하기도 해요.

◉ 담쟁이넝쿨 자국

문제는 담쟁이를 걷어 낸 후에 벽에 남은 담쟁이 뿌리 자국이에요. 이것은 꽤 어려운 문제예요. 시간과 끈기가 있다면 수작업으로 칼이나 끌로 문질러 제거해요. 벽에 상처를 내면 또 다른 자국이 생기므로 주의해 주세요.

다른 방법은 **고압 세정기**를 사용하여 씻어내는 거예요. 고압 세정기의 압력은 상당히 강해서 조작하는 사람이 뒤로 밀릴 수 있어요. 익숙하지 않은 사람이 의자나 사다리에 올라가서 고압 세정기를 사용하게 되면 뜻하지 않은 사고로 이어질 수 있으므로 충분히 주의해야 해요.

5.3.2 스프레이 낙서

최근 다른 집의 외벽이나 공공시설에 스프레이 페인트로 유치한 낙서를 하는 범죄가 종종 발생한다고 해요. 곤란한 일이 아닐 수 없어요. 이런 낙서를 지울 방법은 없을까요?

기본적으로는 페인트의 농도를 조절하는 **시너**로 녹여 지워요. 하지만 최근에는 콘크리트, 모르타르 등에 낙서된 스프레이 페인트를 지우는 클리너가 다양하게 판매되고 있어요.

클리너를 뿌리거나 도포하여 천으로 닦는 작업을 반복하면 낙서를 지울 수 있어요. 또한 **고압 세정기**로도 낙서가 지워져요. 하지만 업무용에 가까운 강력 세정기가 필요하다고 해요.

스프레이 페인트는 시너나 전용 클리너로 지운다.

5.3.3 황사 오염

매년 이른 봄이 되면 중국에서 황사가 날아와요. 최근에는 여기에 공해 물질인 초미세 먼지(PM2.5)까지 날아오고 있어요. 황사는 타클라마칸 사막, 고비사막 혹은 황토고원 등 동아시아 내륙부에 있는 사막 지대의 고운 모래가 바람을 타고 날아오는 것을 말해요.

황사는 대륙에서 날아 온다.

◎ 황사 피해

소량의 황사가 비나 눈에 섞여 내릴 때는 안개가 발생하는 정도지만 농도가 짙어지면 여러 가지 문제가 발생해요.

황사가 내려서 쌓이면 진흙처럼 건물이나 차 등에 척 달라붙어요. 이러면 마른 황사만 붙었을 때보다 잘 떨어지지 않아요. 황사가 쌓이면 건물의 창과 널어 놓은 세탁물 뿐만 아니라 비닐하우스를 더럽히고 농작물의 성장을 방해하기도 해요.

◎ 황사 대책

이와 같은 피해는 자동차에 확실하게 나타나요. 여기서는 자동차의 황사 대책, 황사가 내린 후의 대책에 대해서 살펴볼게요. 쉽게 말하면 황사를 씻어 내는 일인데 세차할 때는 다음과 같은 점에 주의해 주세요.

① 흐르는 물이나 고압 세차 호스로 고형물, 퇴적물을 제거한다.
② 거품을 충분히 사용한다.
③ 세게 문지르지 않는다(잘 떨어지지 않을 때는 전용 클리너로 힘을 주지 않고 제거한다).

꽃가루 오염

꽃가루는 눈에 보이지 않기 때문에 지붕이나 외벽에 붙어 쌓여도 모르고 지나칠 때가 많아요.

● **꽃가루 피해**

꽃가루는 대기 중의 다양한 오염 물질과 섞여 점차적으로 건물에 피해를 줘요.

꽃가루는 오염 물질과 섞여 건물에 피해를 준다.

꽃가루를 그대로 내버려 두면 다음과 같은 피해가 생길 수 있어요.

① 지붕의 단열 성능을 저하시킨다.

② 지붕에 쌓인 꽃가루가 빗물에 섞여 외벽으로 흘러 내리면 얼룩이 생겨 미관을 해친다.

③ 지붕재 · 외벽재의 노화가 빨라진다.

꽃가루는 점착성이 있어요. 다량의 꽃가루가 빗물에 젖은 지붕 등의 도막에 달라붙어 마르게 되면 오염물이 간단히 제거되지 않아요.

⬤ 꽃가루 대책

꽃가루를 깨끗이 씻어내어 도막에 남지 않게 하기 위해서는 **고압 세정기**가 편리해요. 하지만 고압 세정기의 수압이 너무 강하면 도장이 벗겨지거나 코킹을 손상할 수 있으므로 주의해야 해요.

또 셀프크리닝 효과가 있는 **광촉매 도료**를 바르는 것도 좋을 수 있어요. 꽃가루 등의 오염물이 달라붙기 어렵고 달라붙은 오염물을 빗물이 씻겨 주므로 관리 부담을 줄여 주는 효과가 있어서 인기가 있는 것 같아요.

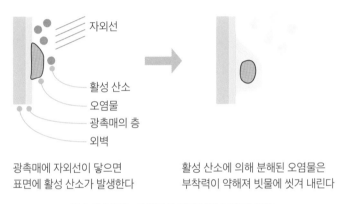

광촉매에 자외선이 닿으면
표면에 활성 산소가 발생한다

활성 산소에 의해 분해된 오염물은
부착력이 약해져 빗물에 씻겨 내린다

광촉매 도료는 오염물이 달라붙기 어렵게 한다.

5.3.5 화산재 오염

일반적이지는 않지만 화산재는 해당 지역에 있어서 심각한 문제예요. 일본의 가고시마鹿児島 현에 있는 사쿠라지마桜島 주변이 피해가 심해요.

⬤ 화산재

화산재의 성질은 화산에 따라 달라요. 사쿠라지마 주변에 내리는 화산재는 대부분 지름 2 mm 이하의 미립자예요. 그래서 작은 미립자는 바람이 조금만 불어도 날아올라 작은 틈 사이로 들어와요.

화산재 오염을 줄이기 위해서는 우선 집 내부로 통하는 입구와 구멍을 막아야 해요. 창문, 베란다, 환풍기 등의 모든 구멍을 철저히 막고 사용하지 않는 곳에는 청테이프를 붙이면 좋아요.

청소할 때는 현관, 베란다와 같이 출입하는 곳을 먼저 청소해 주세요. 그렇지 않으면 들어오고 나갈 때마다 재를 집안에 묻혀서 들어오게 돼요.

◉ 청소 방법

건물 바깥을 청소할 때는 우선 **빗자루로 쓸어** 주세요. 물로 씻어내려고 하면 화산재와 물이 섞여 진흙처럼 무거워져서 걷잡을 수 없게 돼요.

실내도 마찬가지예요. **빗자루로 쓸거나 청소기로 빨아들여** 주세요. 청소기 배기구에서 나오는 바람 때문에 재가 날아다니는 단점이 있지만, 간단하게

화산재는 빗자루로 쓸거나 청소기로 빨아들인다. 물과 섞이면 청소하기 어렵다.

재를 빨아들인 만큼 일이 줄어요. 실내에는 **로봇 청소기**를 사용하는 것도 좋은 방법이에요.

마무리로 **중성 세제**를 넣은 물에 걸레를 적셔 바닥과 일상용품을 닦아 주세요. 힘든 작업이지만 어쩔 수 없어요.

5.3.6 녹

금속은 뛰어난 소재이지만 약점도 있어요. 그중 하나가 녹이 슨다는 점이에요. 녹은 미관을 해칠 뿐만 아니라 제품의 강도를 약화시켜요.

강력한 **녹 제거제**가 다양하게 판매되고 있으므로 그것을 사용하는 것이 간단하고 확실해요.

하지만 녹 제거제의 대부분은 옥살산 $C_2H_2O_4$, 구연산 $C_6H_8O_7$, 인산 H_3PO_4 등의 산의 성질을 지닌 화합물이 들어 있고, pH 1 정도로 산성이 매

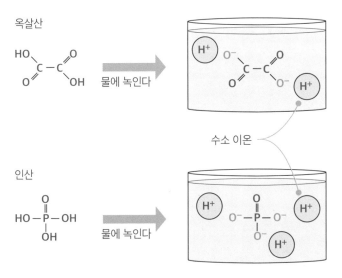

옥살산과 인산

우 강해요. 피부에 묻으면 화학 화상을 입을 위험이 있으므로 혹시 눈에 들어 갔을 때는 바로 안과에 가서 진료를 받아야 해요. 녹 제거제를 사용할 때는 고무장갑과 고글을 착용하고 눈보다 높은 위치에서 작업하면 안 돼요.

그리고 이러한 제거제는 녹을 녹이는 작용은 있지만 녹을 막는 작용은 없 어요. 그뿐만 아니라 녹슬지 않은 부분을 손상시킬 위험도 있어요. 따라서 녹 제거제를 사용한 후에는 충분한 물로 씻어내고 **녹 방지제, 도료** 등을 발라 보 호하는 일이 중요해요.

5-4 정원의 더러움

주택의 정원은 사계절의 변화를 집에서 느낄 수 있는 휴식 공간이에요. 하지만 바깥에 그대로 노출되어 있어서 아무래도 더러워지기 쉬워요.

5.4.1 잡초

정원에서 가장 눈에 잘 띄는 것은 잡초일 것 같아요. 겨울을 빼고 계절에 상관없이 잘 자라니까요.

잡초를 뽑는 기본 방법은 손으로 뿌리부터 뽑는 거예요. 낫으로 베어도 뿌리가 남아 있으면 금방 다시 자라요. 하지만 넓은 정원의 잡초를 모두 뽑기란 꽤 힘들어요. 이럴 때 편리한 것이 제초제예요.

제초제는 종류가 많지만 크게 나누어 **경엽 처리형**과 **토양 처리형**이 있어요. 경엽 처리형은 이미 자라고 있는 잡초를 시들게 하며 토양 처리형은 앞으로 생겨날 잡초를 예방하는 데 사용해요.

● 경엽 처리형 제초제

잡초의 줄기와 잎의 표면에 제초제가 흡수되어 시들어요. 대표적인 것으로 '라운드 업' 등이 있어요. 뿌리나 나무의 목질화된 굵은 줄기에는 흡수되지 않으며 가는 줄기와 잎을 가진 식물만 시들어요. 그래서 과실수의 잎에 닿지 않도록 주의하면 과일나무 아래의 잡초 제거에도 사용할 수 있어요.

하지만 제초제가 뿌려진 식물은 모두 말라 버리므로 잔디에 섞여 자라는 잡초에는 사용할 수 없어요. 잔디에는 전용 제초제를 사용해야 해요.

또 새로 자라날 잡초에는 효과가 없어서 제초제를 뿌린 후에도 계속 잡초가 생겨나요. 효과는 1~2개월 정도라고 보면 돼요.

줄기와 잎에 뿌리는
제초제 '라운드 업'
(닛산화학공업주식회사.
www.rounduppj.com)

◉ 토양 처리형 제초제

토양의 표면에 잔류해서 발아한 종자가 자라지 못하도록 하여 잡초를 막아 줘요. 물을 대어 농사 짓는 논에서 주로 사용해요. 즉, 모내기한 벼의 모종은 시들게 하지 않고 나중에 생겨날 잡초만 시들게 하는 거예요.

일반용으로는 간단하게 뿌릴 수 있는 알갱이 형태가 잘 팔려요. 이것은 높이 20 cm 이하 정도의 작은 잡초에는 효과가 있지만, 이보다 더 크게 자란 잡초에는 효과가 약해요. 따라서 채소나 정원 나무 등의 어린싹이 피해를 볼 수 있어요. 하지만 한번 뿌리면 6개월에서 1년 정도 효과가 있어요.

◉ 제초제 사용의 주의점

제초제는 식물에만 영향을 주고 동물에는 영향을 주지 않을 거라고 생각하면 안 돼요. **동물에게 해를 끼칠 수 있어요.** 예전에 파라콰트(paraquat)라는 맹독성 제초제가 농업 관계자 사이에서 널리 사용되어 천여 명의 희생자가 발생한 일이 있어요.

물론 현재 사용하는 제초제에는 그런 위험성이 없도록 당국의 관리가 잘 이루어지고 있지만, 그렇다고 해도 주의가 필요해요. 제초제를 뿌릴 때는 반드시 긴 소매의 옷을 입고 고무장갑을 껴야 해요. 또 아이와 반려동물이 다니는 곳에는 사용하지 않는 편이 좋아요. 어쩔 수 없이 뿌려야 한다면 효과 기간이 짧은 경엽 처리형을 사용하고 수주일 동안은 울타리를 쳐 두는 등 주의를 기울여 주세요.

5.4.2 낙엽

낙엽수는 가을이 되면 많은 잎이 떨어져요. 상록수는 겉보기에는 사철 내내 푸르러 보이지만 몇 년이나 녹색 잎을 유지할 수는 없어요. 상록수는 계절과 관계없이 늘 잎이 떨어져요.

그래서 낙엽수와 상록수가 있는 정원에는 늘 잎이 떨어져 있어요. 물론 가을이 절정이겠죠. 그렇다면 낙엽을 어떻게 하면 좋을까요?

정원이 작다면 손으로 일일이 줍는 것도 건강과 다이어트에 도움이 될지

정원이 넓을 때는 낙엽 청소용 송풍기(블로워)가 효율적이다.

몰라요. 하지만 정원이 넓다면 쉽지 않은 일이에요. 대책은 두 가지예요.

하나는 일본의 다도 문화를 확립한 센노 리큐千利休 선생을 본받아 낙엽도 자연이며 낙엽이 쌓인 정원을 그 자체로 아름답다고 생각을 전환하는 거예요. 결국, 낙엽은 나무 밑동에서 썩어 부엽토로 돌아갈 것이고 다음 세대의 식물에 영양소가 되어 줄 테니까요.

또 다른 하나는 낙엽은 보기에 안 좋으니까 청소하는 거예요. 보통 손으로 줍거나 빗자루로 쓸어요. 낙엽이 모이면 일반 종량제 봉투에 담아 배출하거나 흙으로 덮고 가끔 물을 뿌려서 부엽토를 만드는 것도 좋아요.

정원이 넓을 때는 **낙엽 청소용 송풍기**(블로워)를 사용하면 편리해요. 송풍기가 내뿜는 바람의 힘으로 낙엽이나 쓰레기를 원하는 장소로 이동시킬 수 있어요. 빗자루와 비교하면 상당히 효율적이에요. 한 곳에 모은 낙엽은 종량제 봉투에 넣거나 부엽토를 만드는 데 사용해요.

5.4.3 해충

정원에 있는 해충은 진딧물, 풍뎅이, 민달팽이, 개미 등 종류가 다양해요. 이런 해충들도 오염물을 생성할 염려가 있어요.

● 식물에 생기는 해충

각각의 해충에 맞는 **살충제**가 준비되어 있으므로 그것을 이용하면 돼요.

취급 설명서에 따라 적당한 농도의 수용액을 만들어 주세요. 또 채소나 과일에 뿌릴 때는 설명서에 적혀진 대로 수확일 며칠 전까지 사용하라는 지시를 반드시 지켜 주세요. 농약은 식물에 흡수되지만 얼마 지나지 않아서 식물 체내에서 분해되고 독성이 없어져요. 그러기 위해서는 일정 기간이 필요해요. 분해되기 전에 수확하여 먹으면 독소를 먹게 되는 것과 같아요.

또한 살충제를 뿌릴 때의 복장 등은 앞에서 살펴본 제초제 때와 같아요. 안전 수칙을 꼭 지켜 주세요.

◉ 벌

곤충 중에서도 벌은 위험해요. 특히 말벌류는 맹독성이 있어 더 위험해요. 발견하면 어디로 날아가는지를 잘 살펴 보세요. 만일 집 정원이나 집 어느 한곳에 출입한다면 그곳에 벌집이 있을 가능성이 있어요.

말벌은 위험하므로 직접 처리하려고 하면 안 된다.

말벌은 위험하므로 직접 처리하려고 하지 않는 편이 좋아요. 시청이나 주민센터, 소방서에 연락하여 도움을 받으세요. 해충 구제 업자를 소개받거나 필요한 조언을 얻을 수 있어요. 스스로 해보려다가 벌에 쏘이면 큰일이고 잘못하면 아나필락시스 쇼크로 생명이 위태로울 수 있어요.

5.4.4 야생 동물

쥐는 물론이고 최근에는 도시에서도 야생 동물이 자주 출몰하고 있어요. 일본의 가마쿠라鎌倉에서 유명한 대만 다람쥐나 전국적으로 증가하고 있는 작은 체구의 애기 사슴은 얼핏 귀여워 보이지만 사나운 아메리카 너구리 등은 그냥 놔둘 수도 없어요. 농가에서는 멧돼지 출현이 잇따르고 뱀도 걱정거리예요.

◉ 쥐

야생 동물 중에서 개인이 내응할 수 있는 동물은 쥐 정도가 아닐까 생각해요. 퇴치 방법에는 독이 든 먹이와 덫이 있어요.

덫을 사용하려면 덫에 걸려든 쥐를 죽여야 해서 익숙하지 않은 사람에게는 힘든 작업일 수 있어요. **쥐약**이나 **독이 든 먹이**가 좋겠지요. 쥐약은 한 번 먹어서는 효과가 나타나지 않을 수 있으므로 며칠 동안 계속 놓아 두는 일이 중요해요.

◉ 뱀

뱀은 생각하지도 못한 곳에 있어요. 최근 일본 대도시의 공원에도 '살무사 출현 주의!'라는 간판을 볼 수 있어요. 그만큼 증가하고 있다는 말이에요. 또한 유혈목이는 오랫동안 독성이 없다고 여겨져 왔지만, 유혈목이에 물려 사망한 피해자가 나오면서 다시 정밀 조사를 한 결과, 반시뱀보다 강한 독을 가지고

유혈목이의 독은 실은 반시뱀보다 강하다.

있다는 사실을 알게 되었어요. 참고로 독성은 살모사가 반시뱀보다 강해요. 하지만 반시뱀은 몸이 크기 때문에 이빨도 커서 주입되는 독의 양이 많아요. 따라서 물리면 심각한 피해를 입어요.

뱀을 발견하면 주민센터나 소방서에 신고하여 도움을 청하는 것이 좋아요. 일반인은 구렁이와 독사를 구별하기도 쉽지 않아요.

● 기타 야생 동물

이러한 동물을 일반인이 대처하기란 무리예요. 특히 아메리카 너구리나 최근 증가하는 흰코사향고양이는 정원이나 밭을 망쳐놓을 뿐만 아니라 집의 천장에까지 숨어들어 배설물로 오염시키고 악취를 풍기는 등 커다란 피해를 주고 있어요.

야생 동물의 피해는 지역 주민센터의 도움을 받아 해결해야 해요. 처리 업자를 소개받는 것이 가장 좋아요.

6

인체의 노폐물

6-1 우리 몸의 노폐물

우리 몸을 감싸는 옷과 집만 더러워지는 것이 아니에요. 우리 몸도 더러워져요. 몸에서는 늘 신진대사가 이루어지며 새로운 구성 성분이 만들어지고 오래된 것은 버려져요.

사람의 경우 이 일이 체표(몸의 표면)에서 일어나면 때로 배출되고, 체내에서 일어나면 배설물로 배출돼요. 생체가 필연적으로 만들어 내는 노폐물이에요. 결국 우리 몸은 더러워질 수밖에 없는 것 같아요.

6.1.1 피부

우리 몸 전체에서 생기는 때는 몸 표면을 덮은 피부 세포 중에서 오래되어 벗겨진 것이 주성분이에요.

◉ 피부의 구조

사람의 몸 표면은 피부로 덮여 있어요. 성인 피부의 면적은 약 1.6 m²이며 무게는 체중의 6.3~6.9%를 차지해요. 피부는 3층 구조로 이루어져 있고 바깥쪽부터 표피, 진피, 피하 조직의 순으로 되어 있어요.

표피의 두께는 0.06~0.2 mm인데 손바닥과 발바닥 등 몸의 부위에 따라 달라요. 표피도 다층 구조로 이루어져 있고 가장 바깥쪽을 각질층이라고 하고 가장 안쪽, 즉 진피와 접하는 부분을 기저층이라고 해요.

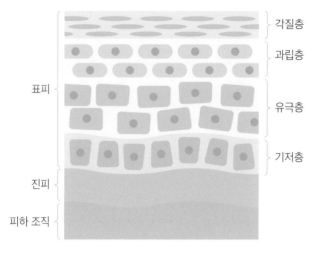

피부의 구조

● 때의 생성

기저층의 세포는 활발하게 세포 분열하여 새로운 세포를 만들어요. 그 세포가 평평하게 쌓여 새로운 각질층을 만들어 가는데, 그에 따라 오래된 각질층 세포는 벗겨져 떨어져요. 이 표피를 구성하는 세포가 생겨서 벗겨져 떨어질 때까지의 과정을 일반적으로 턴오버(turnover)라고 부르며 45일 정도면 모든 세포가 교체돼요.

한편, 피부에는 체모나 땀샘 등이 있는데 그곳에서 수분과 피지가 스며 나와요. 이 액체 성분이 벗겨져 떨어진 각질층 세포와 합해져 생긴 것이 바로 때예요.

● 피부의 세정

때는 몸을 씻을 때 사용하는 바디 샴푸 등을 사용하는 것이 가장 좋아요. 그래도 잘 닦이지 않으면 전용 타월을 사용하게 되는데 너무 세게 문질러 새 각질층 세포를 훼손하지 않도록 주의해야 해요.

6.1.2 손톱

더러운 손톱은 불결한 인상을 줘요. 보통 손톱이 더럽다고 할 때는 손톱 끝부분과 피부 사이의 때를 말하는 것 같아요. 이럴 때는 솔에 세제를 묻혀 문지르면 제거돼요.

손톱 표면의 때는 비누로 씻으면 깨끗해지지만, 잘 지워지지 않을 때는 손톱 무좀이나 매니큐어로 인한 알레르기 등이 의심되므로 병원에서 전문적인 치료를 받아야 해요.

6.1.3 모발

보통 머리가 더럽다고 할 때는 모발과 두피, 양쪽을 말할 때가 많아요.

● 모발이 더러워지는 원인

모발은 모근 부분만 살아 있고 모발 부분은 살아 있지 않아요. 말하자면 물체와 같아서 더러워지면 적당히 샴푸로 씻어 내면 돼요.

문제는 두피예요. 두피는 일반 표피와 같은 구조이며 최상층의 각질층은 45일 만에 턴오버를 하여 벗겨져 떨어져요. 하지만 두피는 일반 피부보다 모공이 크고 개수도 많아요. 그래서 피지 분비가 왕성하여 땀도 나기 쉬워요. 다시 말해서 더러워지기 쉬운 환경에 있다고 말할 수 있어요.

또한 모발에 모발 화장품, 향료 등 각종 수용성과 지용성 액체를 바르기도 하는데, 이러한 것들은 시간이 지나면 산화하여 성분이 변하고 더러워지는 원인이 될 수 있어요.

◉ 머리 감기

더러워진 모발이나 두피는 깨끗이 씻어 내야 해요. 그런데 이때 샴푸 등을 사용하는 편이 좋을지에 대해서는 개인차가 있는 것 같아요.

　젊고 피지 분비가 활발한 사람은 모발과 피부가 더러워지기 쉬우므로 샴푸를 사용하여 씻어 내는 편이 좋을 거예요. 하지만 어느 정도의 나이가 되어 피지 분비가 많지 않은 사람이 너무 자주 샴푸를 사용하면 필요한 피지까지 씻어 낼 우려가 있어요. 그 결과 두피가 너무 건조해져서 탈모와 가려움증의 원인이 되기도 해요.

　또한 염색의 횟수, 샴푸 사용에 관해서는 자주 다니는 미용실과 피부과 의사와 상담하여 정해 주세요.

6.1.4　치아

치아는 그 사람의 청결함을 보여주는 거울과 같아요. 하얗게 빛나는 치아를 가진 사람은 인상도 좋아 보여요.

◉ 치아의 오염과 종류

치아가 더러워지는 이유는 여러 가지예요. 가장 단순한 이유는 음식물 찌꺼기가 남아 있기 때문이에요. 가령 블루베리나 오징어 먹물 요리를 먹고 나면 입안이 새까맣게 돼요. 하지만 일시적인 현상이므로 물로 입을 헹궈주거나 이를 닦으면 없어져요.

　일시적이 아닌 치아 오염에는 치태(플라크), 치석, 착색 등이 있어요. 내버려 두면 충치, 치주염, 구취의 원인이 될 수 있으므로 주의해야 해요.

- ### 치태(플라크)

치태는 치아 표면에 낀 하얀 점액물 등으로 이루어진 세균 덩어리예요. 치아의 표면을 이쑤시개로 문질렀을 때 만일 하얀 치태가 묻어 나왔다면, 이쑤시개 끝에 묻은 세균만으로 1억 개나 된다고 해요.

치태를 그대로 놔두면 세균이 만들어 내는 산과 독소가 충치나 치주염 등 치아 질병을 일으킬 뿐만 아니라 위궤양, 당뇨병, 폐렴, 심내막염 등 내장 질환의 원인이 된다고도 해요.

치태는 입을 헹구기만 해서는 제거되지 않으므로 꼼꼼하게 이를 닦아 제거하는 것이 중요해요.

- ### 치석

치아 표면에 엉겨 붙은 희고 단단한 물질을 치석이라고 해요. 치석은 치태에 침 속의 칼슘이나 인 등이 침착하여 석회화한 것으로, 치주염을 악화시키는 원인이기도 해요. 치아에 단단히 달라붙어 칫솔질로는 제거할 수 없으므로 치과에 가서 제거해야 해요.

- ### 치아 착색

녹차나 커피, 적포도주 등에 함유된 색소나 담뱃진 등이 치아 표면에 굳게 달라붙은 것이 착색이에요. 그대로 두면 치아에 스며들어 치아를 칙칙하고 누렇게 하는 원인이 돼요.

이렇게 되면 칫솔질로는 제거하기 어려워져요. 그러므로 매일 꼼꼼한 칫솔질로 예방하는 일이 중요해요. 만일 착색이 심하면 치과에 가서 제거할 수밖에 없어요.

● 틀니

틀니도 일반 치아와 마찬가지로 더러워져요. 그냥 놔두면 치태, 치석이 생기고 착색돼요. 늘 솔로 깨끗하게 닦아 유지하는 일이 중요해요. 하지만 틀니는 치경에 해당하는 부분이 부드러운 소재로 만들어져 있어서 치약으로 세게 닦으면 상처가 생겨요. 그곳에 세균이 달라붙으면 입 냄새와 치주염의 원인이 되므로 주의해야 해요.

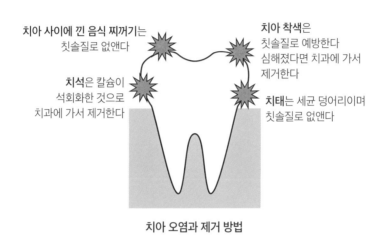

치아 사이에 낀 음식 찌꺼기는
칫솔질로 없앤다

치아 착색은
칫솔질로 예방한다
심해졌다면 치과에 가서
제거한다

치석은 칼슘이
석회화한 것으로
치과에 가서 제거한다

치태는 세균 덩어리이며
칫솔질로 없앤다

치아 오염과 제거 방법

6.1.5 눈

눈은 몸의 점막 중에서 가장 오랜 시간 외부와 접촉하는 부분이에요. 그만큼 공기 중의 먼지와 각종 이물질의 공격을 받아요.

눈물은 이러한 공격을 완화하고 달라붙은 이물질을 씻어내는 역할을 해요. 하지만 눈물만으로 없애지 못하는 오염 물질도 있어요. 이것이 쌓이면 결막염 등 눈병의 원인이 돼요.

⦾ 이물질의 종류

눈에 들어가는 이물질의 종류는 다양해요. 그중에는 알레르기의 원인이 되는 것도 있어요. 대표적인 예가 꽃가루와 초미세먼지(PM2.5 미립자) 혹은 황사예요.

초미세먼지(PM2.5)는 입자의 지름이 2.5마이크로미터(1마이크로미터 = 1 mm의 1000분의 1) 이하의 초미립자이며, 보일러 등 연소 시설에서 발생하는 매연에 포함되어 있어요. 주로 중국에서 바람을 타고 날아온다고 알려져 있어요.

황사는 지름 4마이크로미터 정도의 입자가 작은 모래예요. 동아시아의 사막 지대와 중국의 황사 지대에서 바람을 타고 날아와요. 황사는 단순한 모래 입자가 아니라 표면에 세균과 곰팡이 등 미생물이 달라붙어 있기도 하여, 눈뿐만 아니라 건강에 여러 가지 나쁜 영향을 미칠 위험이 있어요.

⦾ 눈화장

최근 많은 여성이 이용하는 눈 화장용 제품은 눈에 큰 부담을 줄 수 있어요. 눈 화장에 사용되는 물질이 눈 주위에만 있을 것으로 생각하기 쉽지만, 모르는 사이에 눈으로 들어가기도 해요.

특히 섬유가 포함된 마스카라는 건조하면 눈에 섬유가 들어가기 쉬워요. 따라서 액이 바싹 마른 마스카라를 사용하는 것은 피하는 것이 좋아요.

펄이 들어간 아이섀도는 펄이 날려 각막에 달라붙을 수 있어요. 심하면 각막을 손상시켜 각막염이 생길 수 있어요.

⦾ 콘택트렌즈의 오염

콘택트렌즈에는 두 가지 문제가 있어요. 하나는 콘택트렌즈 자체의 오염이고,

콘택트렌즈는 전용 클리너를 이용하여 세척한다.

다른 하나는 콘택트렌즈를 착용함으로써 생기는 각막의 오염이에요.

최근의 콘택트렌즈는 거의 소프트 타입의 수분 투과성이에요. 렌즈를 통해 눈물이 통과할 수 있어 눈물에 녹은 산소를 각막에 보급할 수 있으므로 오랜 시간 착용이 가능해요.

하지만 이 타입은 렌즈 안으로 세균도 침입해 들어와요. 따라서 콘택트렌즈의 세정은 단순히 렌즈 표면의 오염물을 씻어내는 데 그치지 않고 내부에 침입한 세균의 살균도 중요해요.

이러한 목적에 맞는 것은 전용 세정제뿐이므로, 사용하는 콘택트렌즈의 제조 회사에서 나온 **콘택트렌즈용 클리너**를 이용하는 것이 가장 좋아요.

한편, 콘택트렌즈를 착용하면 눈물 흐름이 나빠지기 쉬워요. 그 결과 눈에 들어간 이물질이나 눈에서 나오는 단백질 등이 충분히 씻기지 않고 콘택트렌즈와 눈 사이에 붙어 있게 돼요. 따라서 콘택트렌즈를 착용한 후에는 눈을 씻어 이물질과 오염물을 제거해 주어야 해요.

눈을 씻을 때는 수돗물보다 **전용 세안액**을 사용하는 편이 좋아요. 수돗물에는 칼크(calc, 차아염소산 칼슘, $Ca(ClO)_2$) 성분이나 세균, 오염 물질이 들어 있어요. 또 침투압의 관계로 눈에 자극을 줄 수 있는데, 전용 세안액은 이런 점을 고려하여 만들었어요.

6.2.1 체취

인간도 동물인 이상 여러 가지 냄새가 나지만, 입 냄새나 배설물의 냄새를 제외하고 몸에서 발생하는 냄새를 보통 체취라고 해요. 야생 동물은 자신의 영역 안에 있는 나무에 몸을 비벼 체취를 묻히고 영역 표시를 해요.

이와 마찬가지로 사람의 체취도 사람마다 서로 달라요. 체취의 원인은 몸에서 분비되는 액체가 원인이며 액체가 분비되는 선(구멍)에는 세 종류가 있어요.

● 피지선

피지선에서 나오는 피지는 피부를 지방 막으로 덮어 피부가 건조하지 않도록 보호하는 역할을 해요. 피지에는 피지산이라는 물질이 함유되어 있어요. 피지산은 산화되어 과산화 지질로 변하는데, 이 물질이 특유의 냄새를 가지고 있어요.

지질의 분비량이 정상 범위에 있을 때는 냄새가 크게 신경 쓰일 정도는 아니에요. 하지만 체질이나 생활 습관 등으로 많아지면 체취를 느끼게 돼요.

● 에크린선

땀을 분비하는 땀샘에는 에크린eccrin 선과 아포크린apocrine 선이 있어요. 기온이 상승하거나 긴장했을 때 혹은 매운 음식을 먹었을 때 배출되는 땀은 에크린선에서 분비돼요.

에크린선에서 분비되는 땀은 대부분이 수분이며 냄새는 없어요. 그래서 타월 등으로 닦으면 문제가 없어요.

하지만 그대로 놔두면 몸 표면의 잡균이 땀 속에서 번식하여 냄새를 유발하게 돼요. 몸이 더러워 잡균이 많으면 그만큼 번식하는 잡균도 많아지겠죠. 시간이 지나 잡균이 증가함에 따라서 냄새도 심해져요.

몸을 깨끗이 하고 땀이 나면 바로 닦아 주는 일이 중요해요.

● 아포크린선

아포크린선에서 나오는 땀은 암내(겨드랑이에서 나는 냄새)의 원인이 돼요. 이 땀도 그 자체에 냄새는 없지만, 피지선에서 분비된 지방산과 섞여 그곳에 잡균이 번식하면 암내 특유의 냄새가 나요.

아포크린선의 개수에는 개인차가 있어요. 암내가 심한 사람은 아포크린선의 개수가 많고 또 겨드랑이털도 많은 경향이 있어요. 따라서 아포크린선에서 나온 땀이 겨드랑이털에 배어 암내가 심해져요.

보통의 대처 방법은 잘 씻고 땀이 몸 표면에 남아 있지 않도록 하는 거예요. 다른 방법에 대해서는 피부과의 도움이 필요해요.

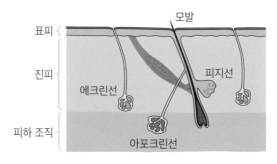

피지선, 에크린선, 아포크린선

6.2.2 입 냄새

입 냄새는 본인은 물론 주위 사람들도 모두 신경이 쓰이는데 그 원인은 여러 가지가 있어요.

◉ 입안의 이물질

마늘이나 부추를 먹은 후에 입 냄새가 나는 이유는 잇새에 낀 찌꺼기 때문이며 칫솔질을 하면 괜찮아져요. 틀니 냄새는 깨끗하게 닦으면 없어져요.

치아 표면에 끼는 플라크, 치석도 입 냄새의 원인이 돼요. 또 **설태**가 낄 때가 있어요. 플라크와 마찬가지로 세균이 모여 있는 것으로 입 냄새의 원인이 돼요. 심하면 치과에 가서 처치를 받는 편이 좋아요.

◉ 치아 질병

입 냄새의 가장 큰 원인은 치조농루와 같은 치주 질환이나 충치로 인한 치아 질병이에요. 이를 예방하기 위해서는 평소 올바른 방법으로 칫솔질을 해야 해요. 하지만 이미 치아 질병에 걸렸다면 치과에 가서 치료를 받을 수밖에 없어요.

◉ 기타 질병

입 냄새는 체내에 질병이 있을 때도 생겨요. 스트레스가 심하면 타액의 분비가 적어져서 입 냄새가 심해져요. 위궤양 등 소화기계의 질병에 의해서도 입 냄새가 날 수 있어요. 또 호흡기도 입과 연결되어 있어서 호흡기계에 질병이 있을 때도 입 냄새가 나는 경우가 있어요.

입은 몸 표면에 열려 있는 내장 일부라고 생각할 수 있어요. 입의 이상은 우리 몸 내장의 이상을 반영할 때가 있어요. 평소에 주의하는 것이 가장 좋아요.

6.2.3 배설물 냄새

건강한 사람한테는 소변 냄새(암모니아)나 대변 냄새(스카톨 등)가 나지 않지만, 병에 걸려 누워만 지내는 사람, 소변 패드를 사용하는 사람에게는 이러한 냄새가 나기도 해요.

배설하지 않고 살기란 불가능해요. 젖은 기저귀는 바로 갈아주고 뒤처리를 잘하여 청결을 유지할 수밖에 없어요.

그래도 냄새가 신경이 쓰인다면 탈취제를 사용하는 것도 한 방법이에요. 하지만 탈취제가 몸에 직접 닿으면 피부가 거칠어지고 알레르기를 일으킬 수 있으므로 될 수 있으면 피하는 편이 좋아요.

6.2.4 담배 냄새

담배는 건강에 좋지 않을 뿐만 아니라 몸과 옷, 심지어 방에도 담배 냄새와 타르가 배어요.

● 담배 연기

담배 연기의 성분은 복잡하여 무려 200종류가 넘는다고 해요. 에탄올이 몸 안에서 산화되어 생기는 숙취의 원인인 **아세트알데하이드**나 대변 냄새인 **스카톨** 혹은 새집 증후군의 원인이기도 한 **폼알데하이드** 등 유해 물질도 포함되어 있어요.

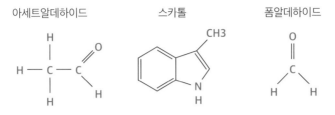

아세트알데하이드　　　스카톨　　　폼알데하이드

담배 연기에 포함된 유해 성분

흡연자는 후각이 무뎌져서 느끼기 어렵겠지만 간접흡연을 강요당하는 사람은 참기 힘들어요. 또 담배 연기에는 타르가 포함되어 있어서 옷이나 에어컨 필터 등에 흡착된 냄새는 빠지기 어려운 문제도 있어요.

● **대책**

담배로 인한 폐해를 없애려면 담배를 끊는 방법이 가장 좋겠지만 쉽지 않은 분도 있을 거예요.

몸이나 치아에 배인 담배 냄새와 찌든 오염은 비누나 샴푸, 칫솔질로 없앨 수밖에 없지만 의류나 방은 어떻게 하면 좋을까요? 힌트는 **담배 오염이 염기성이라는 것**에 있어요. 염기성 오염은 산성 세제로, 산성 오염은 염기성 세제로 제거하는 것이 원칙이에요.

다시 말해서 담배 냄새가 밴 빨래를 헹굴 때 **구연산**을 이용하고, 집안의 환기구 등 담뱃진이 흡착되어 있을 만한 곳에 구연산수를 뿌리면 효과가 있어요.

6.2.5 나이 냄새(가령취)

한때 나이 냄새(가령취), 일명 노인 체취가 화제가 된 적이 있어요. 상대적으로 중·고령층 남성에게 나는 특유하고 불쾌한 체취라 하여, 이 용어에 위축된 분들도 계실지 모르겠네요.

◉ 가령취의 원인

노인 체취는 노네날 Nonenal 이라고 하는 물질이 방출하는 냄새라고 해요. 앞에서 살펴본 아세트알데하이드, 폼알데하이드와 마찬가지로 일반적으로 알데하이드라 부르는 물질의 일종이에요. 알데하이드에는 불쾌한 냄새를 갖는 것이 많은데 노네날도 그중의 하나라고 할 수 있어요.

하지만 우리 몸에서 노레날이 분비되는 것은 아니에요. 몸에서 분비되는 물질은 헥사데센산 Hexadecenoic acid 이라는 산성 물질이에요. 나이가 들면 발생량이 증가해요. 하지만 그 자체는 아무 냄새도 없어요. 피부에 달라붙은 세균에 의해 분해되었을 때 노네날이 되는 거예요.

헥사데센산이 세균에 의해 분해되면 노네날이 된다.

◉ 대책

근본적인 해결법은 헥사데센산을 분비하지 않는 체질로 만드는 거예요. 그러기 위해서는 술, 담배, 지방 섭취를 줄이고 규칙적으로 생활하여 스트레스를 최소화 하면 좋겠지만, 말처럼 쉽다면 세상의 많은 문제가 금방 해결되겠지요.

그래서 차선책으로 헥사데센산을 분해할 수 없게 하는 거예요. 방법은 간단해요. 피부의 세균을 없애면 돼요. 결국, **몸을 청결히 해야 한다**는 당연한 결론에 이르러요.

그런데 시중에는 노인 냄새를 없애는 비누를 비롯하여 땀 억제에 효과가 있는 스프레이 등 각종 기능성 제품들이 판매되고 있어요. 이러한 것들을 이용할 수도 있고, 또 백반(명반)을 물에 녹인 백반수를 목 주위에 뿌려 주어도 효과가 있다고 해요.

하지만 백반수에는 알루미늄 이온 Al^{3+}이 함유되어 있고, 스프레이에는 은 이온 Ag^+이 포함되어 있어요. 금속 이온 중에는 알레르기의 원인이 되는 것도 있어서 주의해야 해요.

명반 결정

6-3 몸 세정제의 구조와 건강

세제(세정제)란 오염 물질을 씻어낼 때 사용하는 화학 약품이에요. 따라서 오염 물질을 잘 제거해주는 세제가 가장 좋을 것 같지만, 몸에 사용할 때는 그것만으로는 부족하고 몸에 자극을 주지 않아야 해요. 몸에 사용하는 제품을 개발할 때 이 점이 중요해요.

6.3.1 비누

몸에 사용하는 세정제, 비누에는 크게 3가지 기능이 있어요.

① 몸의 더러움을 씻어낸다, ② 씻어낸 후의 피부를 보습한다, ③ 살균한다.

● 이율배반

③은 적당한 살균제를 넣으면 간단할 것 같지만, ①과 ②는 복잡해요. 왜냐하면 ①과 ②는 상반된 것을 요구하기 때문이에요. 앞에서 살펴보았듯이 우리 몸은 바깥에서 묻은 먼지와 피부 각질 등이 몸에서 배출된 땀과 기름 등의 액체와 뒤섞여 더러워져요.

몸의 묻은 먼지나 오염물을 물에 녹여 씻어내고 싶으면 샤워만 하면 돼요. 하지만 제대로 제거하려면 지질을 녹여 씻어 낼 성분이 필요해요. 다시 말해서 천연 제품이든 합성 제품이든 양친매성 물질, 계면 활성제의 도움을 받아야 해요.

하지만 이는 동시에 피부를 덮어 보습 역할을 하는 피지를 씻어 내는 일을 의미해요. 이율배반인 거죠. 즉, 한쪽을 강화하면 다른 한쪽은 약해져요.

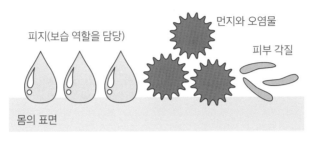

몸 표면의 더러움

● 절충안

이럴 때 해결책 중 하나는 절충 방법, 즉 양쪽의 중간을 택하는 거예요. 그리고 적당한 향료를 섞고 고급스러운 느낌을 주어 만족감을 높여 줘요.

또 하나는 씻어 내는 성분과 보습을 주는 성분을 분리하는 거예요. 다시 말해서 몸을 깨끗이 씻어낸 후에 피부를 보습하는 성분을 보충해줘요. 이렇게 해서 만들어진 제품이 비누와 바디 샴푸예요.

비누는 몸의 더러움 물질을 씻어내는 일을 최우선으로 생각해요. 그래서 세정제를 주원료로 하여 약 염기성을 띠어요. 이후에 **바디 샴푸**로 씻어요. 바디 샴푸에는 보습 성분이 섞여 있어서 약산성으로 조정해주기 때문에 비누를 중화해줘요.

하지만 양자의 역할 분담은 명확하지 않아요. 비누와 비슷한 바디 샴푸도 있어서 실제로 사용해보지 않으면 잘 알지 못하는 면도 있어요.

6.3.2 샴푸·린스

샴푸와 린스도 비누와 바디 샴푸의 관계와 비슷해요. 각종 모발 화장품 및 먼지나 오염물을 씻어내려면 염기성 세제로 확실하게 씻어 내야 해요. 그 역할을 샴푸가 해요.

그에 반하여 남은 샴푸의 염기성을 중화하고 샴푸로 인해 피지를 잃은 모발에 보습 성분을 보충하고, 모발 표면에 케라틴을 채워주는 역할을 린스가 해요.

6.3.3 치약

최근의 치약 제품은 거의 젤리 상태이지만 예전에는 주로 분말이었어요. 그래서 일본어로 '치약'이라는 말에는 가루를 의미하는 말이 들어 있어요. 치약

OH
HO OH
OH OH

자일리톨

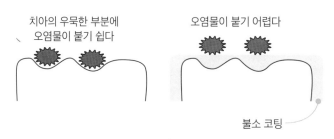

치아의 우묵한 부분에
오염물이 붙기 쉽다

오염물이 붙기 어렵다

불소 코팅

코팅되어 오염물이 붙기 어려워진다.

은 주로 연마제, 발포제로 이루어져 있으며 보습 성분, 충치 예방약 등이 들어 있는 것도 있어요.

연마제에는 뼈나 치아 성분인 인산칼슘이나 조개껍질 성분인 탄산칼슘 혹은 수산화 알루미늄 등이 사용돼요. 발포제는 합성 양친매성 분자예요. 충치 예방약에는 불소계의 물질이나 당알코올의 일종인 자일리톨 등이 이용되고 있어요.

187

얼룩과 오염에서 발견한

클린 화학

초판 인쇄 2022년 7월 15일
초판 발행 2022년 7월 20일

지은이 사이토 가쓰히로
옮긴이 공영태
펴낸이 조승식
펴낸곳 도서출판 북스힐
등록 1998년 7월 28일 제22-457호
주소 서울시 강북구 한천로 153길 17
전화 02-994-0071
팩스 02-994-0073
홈페이지 www.bookshill.com
이메일 bookshill@bookshill.com

정가 15,000원
ISBN 979-11-5971-434-4